꼰작가처럼 꿈꾸는 사람들을 위한 다육아트 교과서

안수빈 지음

꼰작가처럼 꿈꾸는 사람들을 위한 다육아트 교과서

꼰작가의 다육아트

안수빈 지음

플로라

다육식물은 나에게 있어
생명의 은인이다.

어머니는 조그만 흙더미만 있어도 꽃을 심고 가꾸셨었다. 덕분에 난 사계절 꽃을 보며 자랐지만, 당시엔 꽃을 피우기 위한 수고를 알지 못했다. 나이가 들어 내가 식물을 가꾸게 되면서야 사형제를 키우면서도 틈틈이 온갖 화초를 키우셨던 어머니의 마음과 그 수고를 알게 되었다.

나도 어머니를 닮아 식물을 좋아했고, 잘 자란다는 다육식물을 많이 키우곤 했다. 그러다 화원을 운영하던 친구가 일본에서는 다육식물로 만든 예술작품이 유행이라며 소개해준 것을 계기로 다육아트와 만나게 되었다. 우연히 접한 다육아트는 나를 새로운 세상으로 인도했다. 점성이 있어서 식물을 고정시킬 수 있는 넬솔이라는 흙을 이용해 기존의 상식과 틀을 깨고 다양한 예술 작품을 만드는 것은 정말 매력적이었다. 밤을 새어가며 마음에 드는 작품이 탄생될 때까지 만들고 부수기를 반복하면서 나만의 작품들을 만들어가기 시작했다.

다육식물은 나에게 있어 생명의 은인이다. 사람들이 내게 얼굴이 편안하고 마음이 좋게 생겼다는 말을 할 때마다 감사함을 느끼지만 그것은 힘겨운 시기를 보내고 식물과 함께하면서부터 조금씩 변화된 것이라는 점을 말해주고 싶다.

다육 이파리 끝에 붙어 있는 생명체를 보며 겨우 삶의 불씨를 키웠다는 어느 사람처럼 나도 다육식물로 인해 인생의 위기와 위험한 우울증을 걷어 낸 케이스이다. 내 인생의 위기는 아들이 아픈 것으로 시작됐다. 9살 아들이 뇌염에 걸려 하루아침에 식물인간이 된 것이다. 100여 일을 사경을 헤매다 깨어났지만 갓난아이처럼 처음부터 하나하나 다시 시작하던 아들은 결국 9살에서 딱 멈춰버렸다. 깨어나 준 것만으로도 하늘에 감사했지만 지친 상태로 아들을 돌보는 일에 매달려야 했고 앞으로의 일들에 대한 부담감으로 마음의 병을 얻었다.

　극단적인 생각까지 이를 정도의 우울증으로 움직일 수도 없어 집에만 있던 내게 아는 언니가 다육식물 하나를 건네 주었다. 시간이 지나며 나도 모르게 어린 시절 식물들과 대화하던 것처럼 그 조그만 식물과 대화를 나누게 되었다. 장애인 엄마로 어떻게 살아가야 하는지 묻고 나 혼자 대답했다. 누구에게도 털어 놓지 못한 가슴앓이를 다육식물에게 털어놓고 위로받았던 것이다. 덕분에 나의 긍정 세포들이 살아나며 마인드가 바뀌기 시작했다.

　이 책은 다육아트에 입문하려는 사람들과 제2의 직업으로 창업하려는 사람들을 염두에 두고 쓰여졌다. 어느 경우이건 우선 생명력 가득한 식물을 통해서 스스로 위로를 받고 예술작품을 만드는 즐거움에 동참하게 되는 즐거운 터닝 포인트가 되기를 바란다.

꼰작가 안수빈

목차

CHAPTER 3.
꼰작가의 다육아트 디자인

CHAPTER 4.
다육사업자들의 인터뷰

CHAPTER 1.

꼰작가의 다육아트
운영노하우

꼰작가의
다육아트
이야기

작가님 소개 부탁드려요.

다육식물 아티스트 꼰작가 안수빈입니다. 한국에서는 생소한 분야이던 다육식물을 이용한 창작예술인 '다육아트'를 시작하였으며, 현재 여러 강의를 통한 제자양성과 전시회, 박람회 등을 참석하며 다육아트의 보급에 힘쓰고 있습니다.

작가님이 해오신 일들이 궁금합니다.

2017년 '대구 꽃 박람회' 전시 참여를 시작으로 '고양 국제 꽃 박람회', '정원박람회' 등 크고 작은 박람회를 참석하여 다육아트를 알려왔습니다. 다육아트와 도시재생을 연결하여 '대구 달성 토성마을', '포항 택전 마을', '고한 야생화마을'의 주민 교육프로그램으로 일자리 창출 및 더 살기 좋은 마을 가꾸기에 참여했습니다. 또한 '고한 골목길 정원 박람회', '거제 유리온실', '달성 토성마을 유리 온실' 등에 다육식물 작품을 전시하여 더 많은 관람객을 더 유치하는 일에 참여하였습니다. 교육과정으로는 '숙명여자대학원 화예 연출 과정' 다육아트 강의를 비롯해 '농업기술센터 마스터가드너 수업'과 '경력단절 다육아트 창업 수업', 공무원 연수 교육 등 각종 힐링 교육을 진행했으며 다육아트 경진대회 심사위원장과 '제천 한 평 정원' 심사를 담당했습니다.

다육아트 협회를 만들게 된 계기가 궁금합니다.

다육아트와 넬솔 사용법을 특강 위주로 알리다보니 한계가 느껴졌습니다. 특강을 들은 사람들이 좀더 체계적인 다육식물 공부를 원하기도 했구요. 그래서 방법을 찾던 중 한국직업능력연구원에 협회를 등록해 민간자격증을 발급할 수 있다는 것을 알게 되었습니다. 협회를 설립하고 민간자격증도 개설하는 초기엔 많은 시행착오가 있었지만 여러 사람들의 도움으로 지금은 많은 회원들이 역동적으로 활동하는 협회로 정착하게 되었습니다.

작품들의 소재와 아이디어는 어떻게 얻고 계신가요?

여러 나라 작가의 다양한 작품을 볼 수 있는 '핀터레스트'와 '인스타그램' 등을 보면서 영감을 얻고 다육아트에 접목하고 있습니다. 집에서 사용하지 않는 물건들을 작품의 오브제로 활용하는 일에 관심이 많아 다양하게 다육아트에 접목시키고 있습니다. 스스로 오브제를 만드는 것은 어디에서 배울 수 있는 것이 아니기 때문에 개척해야 한다는 어려움이 있지만 다육아트를 시작한다면 성공적인 창작 작품을 만들었을 때의 행복감을 모두 느낄 수 있을 것입니다.

다육아트 자격증이 있다고 들었어요. 자격증 부분에 대해 자세히 이야기해 주세요.

'한국다육아트협회'는 한국직업능력연구원 소속의 민간단체입니다. 다육아트 자격증은 민간자격증으로써 과정은 2급(강사), 1급(작가), 아티스트 과정으로 구분되어 있습니다. 2급 과정은 강사 과정으로 '넬솔 이해와 사용법'과 '다육아트 창작의 기본 과정'으로 실기와 다육아트 이론을 강의합니다. 수료 후에는 학교의 방과후 수업, 체험 수업, 문화센터 강사로 활동할 수 있습니다. 1급 과정은 작가 양성 과정으로 스스로 다양한 오브제를 만들어서 다육아트 작업을 할 수 있도록 하는 고난이도 교육을 위주로 진행됩니다. 교육 이수 후 다육아트 작가로 활동하며 박람회, 개인 전시회, 기업체 강의, 농업기술센터 강의, 창업 강의 등의 활동을 할 수 있습니다. 아티스트 과정은 마지막 과정으로, 아직까지 이수한 사람이 없지만 이전의 모든 과정을 마친 후 일정 기간 활동 상황을 평가하여 역량 있는 작가 중 선정하여 예술 분야로서의 우리나라의 다육아트를 세계에 알리는 다육아티스트로 육성하려고 합니다.

다육아트
창업의 현황

'다육아트'는 점성이 있어 자유자재로 식물을 붙일 수 있는 흙 '넬솔'을 이용하여 다육식물을 모듬심기하며 예술작품을 만들어내는 것을 말한다. '다육아트'라는 용어가 아직 많은 사람들에게 생소한 이유는 국내에 소개된 것이 2017년이고 많은 사람들의 관심을 끌게 된 것은 최근의 일이기 때문이다.

현재 다육아트는 매우 빠른 속도로 확장되고 있는 추세이며 이에 따라서 창업을 준비하는 사람들도 늘고 있는 상황이다.

얼마 전까지 다육식물이 널리 유행하며 사람들은 품종이 귀하고 특이한 형태의 다육을 선호하며 비싼 것들이 주류를 이루었다. 그러다 판매시장에서 비싼 다육식물이 보급형 품종으로 바뀌고, 다육 가격이 급격히 떨어지면서 어려운 시기를 겪고 있을 때쯤 다육아트가 시작되었다.

다육아트의 등장은 다육관련 원예업종들에게는 새로운 활력이 되었다. 다육아트를 통해서 상대적으로 가격이 저렴한 다육을 많이 사용하게 되고, 대량소비로 이어졌다. 새로운 식물공예는 하나의 문화로 자리 잡았고, 지속적인 다육 소비가 이뤄지기에 모두가 만족하는 결과가 되었다.

현재 '다육아트협회'에서 운영하는 교육프로그램을 이수한 사람들의 숫자는 1,000명이 넘고 있으며 이 중에서 자신의 업으로 삼아 활동하는 사람은 300여명에 이르고 있다. 또한 협회에서 운영하는 '네이버 밴드'에는 취미 삼아 작품을 올리며 교류하는 회원 수가 8,000명을 넘었다. 이 숫자는 현재도 늘고 있어 다육아트가 일반인들에게도 대중적인 관심을 가지기에 좋은 새로운 식물공예의 한 분야가 되고 있다는 것을 말해준다.

모든 창업은 위험부담이 뒤따르는 도전이다. 그러나 다육아트는 위험부담을 최소한으로 할 수 있는 사업 아이템이다. 우선 기존에 하고 있던 일에서 큰 변화를 주지 않고 강의 커리큘럼이나 상품을 추가 할 수 있다는 점이다.

실례로 공방을 운영하는 사람들은 신규 클래스를 신설하여 수강생들을 늘리고 화원에서는 다육아트 제품을 만들어 매출을 늘리고 있는 사례는 회원 중에서도 쉽게 찾을 수 있다. 전혀 다른 업종에 일을 하다가 매장 한 켠을 다육아트로 꾸미고 시작한 사람들도 많으며 은퇴 후에 혹은 오랜 경력 단절을 겪었던 사람들이 용기를 내서 도전하고 매우 만족하게 활동하고 있는 사례도 많다.

인생 후반전은 생각보다 길 수 있다. 좋아하는 일을 하면서 그 일이 다른 사람들을 즐겁게 하고 내 생활에 활력이 되는 일이라면 이보다 좋은 일이 있을까?

다육아트
창업을 위한 준비

다육아트로 창업하는 것은 다른 사업에 비하여 간단하다. 자격증의 유무에 관계없이 세무서에 사업자 등록을 할 수 있으며, 기존 사업자등록이 되어있는 경우에는 업태 종목에 생화를 추가하면 된다. 점포가 없이 각종 오픈마켓이나 여러 미디어를 통해서 주문을 받고 인터넷 판매를 하기 위해서는 통신판매업 사업자 신고를 해야 한다. 통신판매업 신고는 인터넷을 통해서(정부24에 로그인한 후 업체와 품목을 등록) 가능하다.

오히려 창업의 절차와 서류보다 중요한 것은 내가 이 일을 잘 해낼 것인가 하는 냉정한 분석이다. 각 사업 영역마다 성공적인 사업을 위해서 갖추어야할 것들이 다르지만 기본적이며 공통적인 것은 내가 이 일을 즐기면서 할 수 있고, 능률적으로 잘 할 수 있는가? 오래 할 수 있는 것인가? 하는 것이다. 다음의 질문들을 스스로에게 묻고 긍정적인 답변이 절반을 넘어서며 나의 성향이나 자질이 이 일과 잘 맞는다고 판단되면 비로소 시작을 준비할 때이다.

1. 나는 식물에 대한 관심과 이해가 있는가?
다육아트는 살아있는 생명을 다루는 일이기 때문에 식물, 특히 다육 식물에 대한 기본 이해가 있어야 한다. 다육아트의 작품은 살아있는 생명으로 완성되기에 작품을 끝낸 후에도 계속해서 새로운 모습으로 변화된다. 그렇기 때문에 사전 지식과 꾸준한 학습을 통해 지속적인 관리까지 염두하며 임해야 한다.

2. 나는 예술적 감각과 독창적인 아이디어가 풍부한 사람인가?
자신이 예술적인 감각이 있는 사람인지 아닌지는 속단하기 어렵다. 이제부터라도 예술적 감각을 끌어올려야한다. 평소에 다육아트 작품에 응용할 오브제나 디자인을 찾아 메모하고, 그림이나 꽃꽂이, 설치 미술 등 다른 분야의 예술작품들을 보며 어떻게 다육아트에 작품에 접목할 수 있는지 늘 연구하는 자세가 필요하다.

3. 나는 내 사업을 잘 알릴 방법을 알고 있는가?

아무리 뛰어난 솜씨도 잘 알릴 수 없다면 무용지물이다. 어떻게 알릴 것인지에 대한 계획과 준비가 필요하다. 소규모 사업의 마케팅에는 인스타그램, 블로그 등 SNS를 활용하는 것이 필수가 되었다. 어려워서 혹은 귀찮아서 평소 자주 하지 않았더라도 이제부터 자녀들이나 지인들의 도움을 받아서라도 연습과 활용이 필요하다.

기타 진지하게 생각해보아야 할 질문들은 다음과 같다.

4. 나는 사업을 잘 유지할 정도로 부지런하며 책임감이 강한가?
5. 창업 후 내 일을 도와줄 사람들이 있는가?
6. 나는 쉽게 지치거나 싫증을 빨리 느끼는 사람인가?
7. 예상치 못했던 창업의 어려움들을 극복할 자신이 있는가?

나에게 어울리는 마케팅을 찾아보자

나만의 콘셉트와 디자인을 추구하자

다육아트 사업의
성장 전망

/

성장 가능성

다육아트가 기존에 있는 식물 상품과 차별성을 가질 수 있었던 이유는 식물에 예술성을 더하여 예술작품을 만들어낸다는 점 때문이다. 예술성은 더 높은 경쟁력을 만드는데 이것은 기존 화원들이 판매하던 화원상품들에 다육아트 상품을 더하여 더 높은 매출을 만들어내는 것을 보며 알 수 있다.

또한 다육아트의 성장 가능성은 긴 인생 후반전을 보내야하는 현대인의 생활과도 관련이 있다. 젊은 시절에는 사업과 직장, 육아 등으로 너무 바쁜 나머지 식물에 관심을 가지기 힘들지만, 나이가 들면서 식물에 더 많은 관심을 가지게 되는 이들이 주요 고객이 된 것이다. 고객층이 두꺼워지는 것과 함께 제2의 인생을 꿈꾸는 사람들의 창업에도 적합한 일이다. 창업을 위해서는 부담스러운 창업자금이 필요하지만 다육아트는 소규모 매장을 가지고 혹은 매장이 없더라도 시작할 수 있는 일이다.

창업에 뜻이 있더라도 처음엔 취미로 시작해보기를 권한다. 작은 것부터 시작해서 전문성을 쌓고 작품의 수준을 높이다보면 언젠가 이제 창업해도 되겠다 싶은 시점이 올 것이다. 시작이 반이다. 누구나 좋아할 수밖에 없는 다육식물과 가까워지고 다육아트에 도전하시길 권한다.

사업으로의 다육아트의 장점

1. 누구나 좋아하는 아이템이다

식물이 뜨고 있다. 심리적 안정과 실제적인 기능까지 식물의 효능은 널리 알려지고 있고 특히 다육식물은 키우기 쉬워 매우 대중적이다.

2. 새롭게 개척된 신규 사업영역이다

식물공예의 한 영역으로 새롭게 생겨난 경쟁력 있는 사업 아이템이다. 노력한다면 확장성을 크게 가질 수 있는 블루오션인 것이다.

3. 뛰어난 만족감을 준다

고객뿐 아니라 판매자인 나도 식물이 주는 안정감을 얻을 수 있고 단순히 식물을 키우는 것이 아니라 예술성이 가미된 작품들은 완성 후 높은 성취감과 만족감을 느끼게 한다.

4. 소자본 창업이 가능하다

다양한 품목의 매장들에 하나의 매장을 더하는 숍인숍(Shop-In-Shop)으로 사업을 시작할 수 있으며, 매장이 없어도 실력만 갖춘다면 집에 작업공간을 마련하고 인터넷 통신판매로 판매하거나 강사로 활동할 수 있어서 상황에 맞게 최소한의 자본으로 창업이 가능하다.

5. 여러 업종들에서 쉽게 아이템 확장이 가능하다

전통적인 화원들과 식물가게, 다육농장, 기존의 공방들에서 다육아트를 신규 품목으로 더하기가 쉽다. 각종 교육프로그램에 도입하기 적합한 업종으로 노약자나 환자 어린이등도 쉽게 다룰 수 있고 생명력이 강한 다육식물은 원예치료의 프로그램과 학습활동에 적합하다.

6. 정년이 없는 인생, 제 2의 직업으로 적합하다

100세 시대를 눈앞에 두고 있다. 긴 인생 후반전을 보내야하는 사람들에게 강도 높은 노동력이 필요하지 않고 식물에 대한 지식과 예술성을 가미한 다육아트는 은퇴 이후 뭔가 새롭게 시작하기에 늦었다고 생각되는 사람들에게도 늦지 않은 일이다.

다육아트의
활동영역

다육아트의 활동영역과 새롭게 접목할 수 있는 분야는 매우 폭넓다. 크게 구분하자면 유사한 업종에 종사하는 다육농장, 화원, 식물가게 등에서 사업 품목을 하나 늘리는 것과 각종 공방이나 학원들이 다육아트 커리큘럼을 추가하는 것, 관련은 없지만 기존에 다른 매장을 운영하는 사람들이 다육아트를 배워 업종을 늘리는 것이다.

① 다육농장 운영

체험학습이 가능한 농장을 운영하며 클래스를 열거나 다육아트 완성품을 판매할 수 있다.

② 화원, 식물가게

이미 숍을 운영하는 사람들이라면 다육아트로 판매아이템을 더해보자. 다육아트 원데이 클래스를 열거나 작품을 판매하기에 용이하다.

③ 다육식물 테마카페

카페를 다육아트 작품과 다육식물로 꾸며 볼거리도 제공하며 판매도 겸할 수 있다.

④ 귀농, 귀촌 교육

귀농, 귀촌하는 사람들의 적응을 위한 프로그램 중 하나로 사용될 수 있다. 다육농장, 다육아트를 시작하려는 사람들을 위한 교육프로그램을 만들 수 있다.

⑤ 인터넷을 통한 통신판매

오프라인 매장이 없어도 판매는 가능하다. 인터넷을 통해 다육아트 완성작을 판매할 수 있다. 활발하게 SNS 활동을 하면 자체적으로 충분히 홍보가 가능하다.

6/7 다육아트 관련 강사활동 & 각 지역 문화센터

유치원, 초등학교 방과 후 수업, 중고등학교 직업체험 강사로 활동할 수 있다. 교육 프로그램에 다육아트를 접목시켜 문화센터 등에서도 수업이 가능하다.

⑧ 다른 점포 속 숍인숍 운영

다육식물이 자라기 좋은 햇살만 있다면 다른 점포 속 숍인숍 운영이 가능하다. 미용실이나 피부숍, 선물가게 등 업종을 가리지 않고 접목이 가능하다.

다육식물
구입방법

/

　다육 구입을 어려워하는 사람들이 많다. 다육아트에는 많은 양의 다육식물이 사용되므로 귀한 품종의 비싼 다육보다는 국민다육이라 불리는 값이 싼 것과 잎이 작은 미니 다육을 많이 사용하는 편이다.

　많은 다육농장들에서 도매와 소매를 구분하여 판매하고 있는데 사업자등록증을 제시하면 도매로 구입이 가능하다. 다육아트협회에서는 수업 후 다육농장을 탐방하고 지역별 농장에 대한 정보를 공유하고 있으며 협회를 통하여 비교적 저렴하게 구입하는 시스템을 갖추고 있다.

　전문매장은 각 지역의 모든 화훼단지 내에 다수 있으며 단독으로 떨어진 곳에서도 찾을 수 있다. 취급 품목이나 운영 방식이 다른 다양한 전문 농장들이 생각보다 많으니 한 곳이 아니라 가능한 여러 농장들을 방문해보는 것이 좋다. 찾아가기 쉬운 곳에 단골을 정해두면 경험이 많은 주인에게서 다육식물에 대한 많은 정보들을 얻을 수 있는 장점이 있다.

　참고로 아직 농장 경험을 하지 못한 독자들을 위하여 다육아트협회 회원들이 애용하며 인기가 있어 추천하는 몇 곳의 다육농장들을 정리했다. 한 번 방문하여 충분히 구경하고 다육식물에 대한 정보도 많이 나누기를 권한다.

(건강한 다육식물을 고르기는 p35~36 참조)

경기

가평 '케어팜다육식물원' 010-3322-9383(단체체험, 소매)

광명 '온뜨레농원' 010-9086-5950(도, 소매)

광주 '도웅골다육' 010-2669-9420(체험, 소매)

용인 '소금과 다육' 010-3102-0929(도, 소매)

인천

'란전꽃농원' 010-9004-0736(소매)

충남

논산 '작은정원' 010-6500-8991 (단체체험, 도, 소매)

천안 '화성선인장다육농원' 010-9422-5885(농장, 단체체험, 도, 소매)

부여 '다육이야기' 010-3811-8010(소매)

충북

청주 '청주다육농원' 010-8828-7270(도, 소매)

대구

'넬솔코리아' 010-2210-2240 (온라인 판매)

'전국다육농원' 010-8588-2392(도, 소매), 대구불로화훼단지 내

경남

거제 '거제다육이농장' 010-4088-0623(도, 소매)

남해 '보물섬다육농원' 010-5690-0408(단체 체험, 소매)

전남

여수 '다육이야기' 010-3323-1488 (소매)

장성 '가산 식물원' 061-394-7775 (도, 소매)

진도 '진도표고버섯다육이야기' 010-5589-7773(단체체험, 소매)

전북

군산 '기쁨이네다육농원' 010-4780-3002(도, 소매)

제주

'정다육농원' 010-2078-1389(단체체험, 소매)

도구

A 장갑

다육아트 작업 시 손의 온도로 다
육이 상하지 않게 하고, 넬솔이나
흙이 손에 묻는 것을 방지한다.

B 일자 핀셋

다육을 심을 때 사용하는 도구이
다. 빈 공간에 쉽게 다육을 심을
수 있지만, 너무 힘을 주면 다육이
부러질 수 있으니 주의해야 한다.

C 갈고리 핀셋

주로 잔뿌리를 정리할 때 사용한
다.

D 곡자 핀셋

초보자도 쉽게 사용할 수 있는 핀셋이다. 처음에는 불편할 수 있으나 익
숙해지면 일자 핀셋보다 편하게 사용할 수 있다.

E 가위

다육 전용 가위로, 줄기들을 쉽게
자를 수 있다.

F 넬솔

다육을 오브제에 식재한 뒤 고정
시킬 수 있는 흙이다. 많은 영양분
이 들어있어 다육의 성장에도 도
움을 준다.

G 코코칩

코코넛 껍질을 분쇄해서 말린 것
으로, 작품의 무게를 줄이거나 수
분 관리에 용이해 자주 사용한다.

H 흰 돌

뿌리를 고정해주거나 마무리 작업
에 사용한다. 마사와 비슷한 기능
이지만 작품을 조금 더 깔끔하게
마무리하고 싶을 때 사용한다.

I 마사

다육아트 시 뿌리를 고정할 뿐 아니라 물을 줘도 흙이 튀지 않게 하는 역할을 해준다. 다육식물을 식재하고 난
뒤 마무리 작업에 자주 사용한다.

도구

A 볼, 숟가락

다육아트의 베이스를 만들 때 사용한다. 볼에 넬솔과 물을 넣고 숟가락으로 잘 섞어주면서 사용한다.

C 호스 달린 물병

다육아트 작품에 물을 줄 때 사용한다. 다육아트 작업 후에 다육 사이사이에 고르게 물을 줄 수 있다.

B 분무기

작업 중 준비해둔 넬솔이 굳었거나, 잘 붙지 않을 때 사용한다.

D 붓

다육식물에 묻은 흙을 털어 내거나 작업 후 오브제 흙을 정리할 때 사용한다.

E 글루건

오브제를 변형하고 싶을 때 사용한다.

F 에어 블로어

다육식물에 고인 물을 털어낼 때 사용한다.

G 미니 빗자루

다육 작품 만들기가 끝났을 때 주변 흙을 털어 낼 때 사용된다.

H 물티슈

오브제에 묻은 넬솔이나 흙을 닦아내는데 사용한다.

넬솔(NELSOL)
굳어서 형상을 유지하는 다육아트 전용토

넬솔이란

굳어서 형상을 유지하는 다육아트 전용 토로 물로 반죽해서 빚은 흙이라는 뜻이다. 흙 속에 수용성 합성 고분자 화합물이 배합되어 물과 혼합했을 때 특유의 점성이 생기는 토양이다. 점성이 생기면 식물을 어디든 붙일 수 있어 색다른 다육식물 세계를 연출하는 다육아트에 필수적인 흙이다.

수용성 합성 고분자는 녹화 작업을 할 때 흙이 무너지지 않게 막는 역할을 하고, 나무들이 뿌리를 잘 내릴 수 있게 흙을 잡아 주는 역할을 해서 산사태 방지로 사용한다. 넬솔은 최상의 피트모스, 제올라이트, 왕겨숯 등을 주 배합재료로 만든 흙이

며 특히 다육 식물이 잘 자라도록 최적화된 배양토이다. 넬솔은 미국, 유럽, 일본에서는 문화의 한 부분을 차지하고 있으며 한국에는 2016년 꼰작가의 다육아트가 SNS에 알려지면서 원예와 다육아트 전용토로 알려지게 되었다.

유통기한에 관한 질문이 많은데 흙 재료들은 유통기한이 없다고 보면 된다. 그러나 넬솔에는 수용성 합성 고분자가 들어있어서 기후에 따라서 녹는 경우가 있으며 흙이 붙지 않아 다육아트에 적합하지 않을 수 있다. 이 경우 새로운 넬솔을 구입하여 혼합해서 사용하는 방법이 있다. 통상 6개월 이내의 사용을 권한다.

넬솔 사용법
- 접착시킬 넬솔 흙의 두께는 3cm 이상이 적합하다.
- 넬솔이 잘 붙지 않을 때는 물을 살짝 스프레이 하면 도움이 된다.
- 넬솔에 심은 식물에 물을 줄때는 내부까지 충분히 젖도록 한다.

- 물은 시간 간격을 주고 조금씩 여러 번에 나눠 충분히 준다.
- 화분형에는 물을 줄 때는 밑에서 물을 올리는 저면 관수를 추천한다.
- 액자형에 물을 줄 때 입구가 긴 물병이나 주사기를 사용한다.
- 식물에 물로 스프레이한 후에는 통풍이 되는 곳으로 옮겨 다육식물에 묻은 물기를 충분히 말려준다.
- 넬솔은 잘 굳은 후에는 재사용이 불가능하다. 단 피트모스 등 흙의 좋은 성분이 남아 있으면 잘 부숴서 분갈이 할 때 화분 흙과 섞어서 사용하면 좋다.
- 흙의 유통 기한은 2년 정도이므로 2년이 지난 흙에는 영양제를 섞어서 사용하면 좋다. 작품에 물을 줄 때에는 물에 영양제를 희석해서 사용한다.

(넬솔 구입 : 넬솔코리아 010-2210-2240) www.nelsolkorea.com

다육아트의
창업 마케팅 노하우

　모든 창업의 목적은 수익을 발생시키는 것임을 항상 염두에 둬야 한다. 좋은 상품과 서비스를 갖추어도 마케팅을 하지 못한다면 성공적인 사업을 유지할 수 없다. 수익을 발생시켜야 보람이 있고 즐거운 이 일을 평생 직업으로 오래 유지할 수 있다. 나의 매장과 활동 형태에 따라서 마케팅 계획을 수립하고 꾸준하게 단골 고객을 확보하고 유지하여 성공 창업을 이끌기 바란다.

1. SNS의 적극적인 활용

　작은 비즈니스에 최적의 마케팅 방법은 각종 SNS를 활용하는 것이다. 블로그, 네이버 밴드, 인스타그램, 페이스북, 카카오스토리 등에서 내가 잘 활용할 수 있는 것을 선택하여 규칙적이고 꾸준하게 작품을 업데이트하는 것이 중요하다. 한꺼번에 많은 양을 올리는 것 보다는 적은 양이더라도 특정 요일을 정하여 목표량을 올리는 것이 중요하다.

　참고로 꼰작가의 SNS는 다음과 같다.
　네이버밴드 '다육아트 꼰작가처럼', 인스타그램 'succulent_ggon',
　페이스북과 블로그 '꼰작가다육아트갤러리' 등

　동영상을 제작하여 영상을 공유하는 것도 큰 도움이 된다. 처음엔 만족스럽지 못하더라도 꾸준히 올리며 완성도를 높이는 것이 중요하다.

꼰작가의 SNS(좌측부터 인스타그램, 네이버밴드, 페이스북)

2. 지역 내에서 소규모 전시회 개최

지자체에는 의외로 다양한 행사가 열린다. 구청이나 주민센터를 주기적으로 방문하여 지역 행사들을 체크하고 담당자들을 만나 해당 행사 내에 작은 다육아트 전시회를 제안한다. 또한 지자체에 소속된 여러 관공서 건물 내에 다육아트 전시를 제안한다. 규모가 작더라도 꾸준한 전시회 마련은 다육아트와 내 작품들을 홍보할 좋은 기회이다.

3. 지역 활동에 적극적인 참여

가능한 다양한 모임이나 봉사활동 등에 참여하는 것도 마케팅의 하나이다. 모임엔 작은 다육아트 작품을 하나씩 선보여 다육아트와 나의 일을 알리고 예산이 허락하는 범위에서 작은 작품들을 만들어 지인들에게 선물한다.

4. 선배 작가들과의 친밀한 교류

밴드 활동 등을 통하여 알게 된 다육아트 선배들과 모임 등을 통한 교류가 중요하다. 시행착오를 줄일 수 있고 아이디어를 공유할 수 있다.

5. 각종 박람회, 전시회 등에 참가

부스를 설치하거나 전시에 직접 참여하여 아이디어도 얻고 내 작품에 대한 객관적 평가도 받을 수 있다. 그럴 수 없을 경우 꼭 관람하여 심혈을 기울인 다른 전시자들의 여러 아이디어를 얻도록 한다.

지금부터 만나는 모든 사람들은 서로의 인생 후반에 만난 더 없이 소중한 사람들이니, 마케팅에 앞서서 이 만남이 아름답고 오래 지속되도록 약속한 것이 있다면 철저히 지키고 내가 알고 있는 것은 아낌없이 나누길 바란다. 스스로 배움과 연구를 통하여 항상 발전하는 다육아티스트가 된다면 성공적으로 운영할 수 있을 것이다.

CHAPTER 2.

다육아트 자격증
및
실습

다육식물의
이해

다육식물

　사막이나 높은 산과 같이 건조한 환경에서 생존하기 위해서 줄기, 잎 그리고 뿌리에 많은 양의 수분을 저장할 수 있는 식물을 말한다. 다육식물은 우기와 건기가 뚜렷이 구분되는 사막 지역, 고산지대나 한랭지, 해안지대, 염호지대 등에서 자란다. 다육식물은 건조한 환경에 적응하여 독립적으로 진화한 형태로, 하나의 분류군을 이루지 않고 다양한 과에 속해있다. 아메리카 대륙, 아프리카, 마다가스카르섬, 아라비아반도, 카나리아 제도, 아시아, 동유럽 등 세계 여러 곳에 매우 넓게 분포되어있다. 그중 남아프리카나 마다가스카르섬에 많이 분포해 있다.

형태

　다육식물은 물을 내부에 저장하고 있기 때문에 다른 식물들에 비해 통통한 외관을 가지는 경우가 많다. 기본적인 형태는 없지만, 잎이 가시화되거나, 구의 형태, 뿌리가 원형을 이루는 것도 있다. 또한 수분 증발을 막기 위해 잎과 줄기 표면에 왁스 성분을 만들기도 하며, 서리와 이슬을 식물 표면에서 흡수시키기 위해서 잔털을 가지고 있는 것도 있다. 이처럼 다육식물은 주변 환경에 맞춰서 살아남기 위해 다양한 형태로 진화했다.

특징

다육식물은 식물체 내에 수분을 보호 또는 절약하기 위한 여러 특징들이 있다.

1) CAM형 광합성을 하여 식물체 내 수분 손실을 줄인다. CAM형 광합성은 식물체가 밤에 기공을 열어 CO_2를 고정하고 낮에 당을 합성하는 특징을 가진다. 건조한 환경에서 수분 손실을 줄여야 하는 특징을 가진 다육식물에서 나타나는 광합성의 형태이다.

2) 잎은 아예 없거나, 퇴화되어 작아지고 또는 가시 형태를 가지고 있다.

3) 건조한 환경에서 기공에서 빠져나가는 수분을 방지하기 위해 기공 수가 적다.

4) 잎보다 줄기에 광합성 세포들이 위치해 있다.

5) 작은 구, 또는 원통 형태로 성장한다.

6) 식물체의 부피를 빠르게 증가시킬 수 있으면서 건조한 환경에 노출되는 표면을 줄이는 구조를 가진다.

7) 왁스 성분으로 덮여 윤이 나거나 털 또는 뾰족한 가시가 있어 식물 주변에 습기가 있는 작은 공간을 만든다. 이는 식물 표면 근처의 공기 이동을 감소시켜 수분 손실을 줄이고 그늘을 만들어준다.

8) 땅 표면 근처에 뿌리가 존재해 비나 이슬로부터 수분을 얻을 수 있다.

9) 내부 온도가 높아도(52℃) 수분이 가득 찬 상태로 유지할 수 있다.

10) 바깥쪽 표피가 침투성이 없이 단단하다.

11) 수분을 풍부하게 보유하기 위해 점액성 물질을 가지고 있다.

분류

현재까지 알려진 다육식물은 속씨식물에만 나타나며 백합과, 석류풀과, 선인장과, 돌나물과, 국화과, 대극과, 협죽도과, 용설란과, 시계꽃과, 쇠비름과, 꿀풀과, 박주가리과, 닭의장풀과, 박과, 포도과, 후추과, 마과, 바오밥과 등 총 45과에 포함되어있다. 이 중에서 우리나라에서 재배 혹은 시판되는 다육식물은 10과 54속으로 돌나물과가 전체의 25%를 차지하며 가장 많고, 그 다음으로는 선인장과, 석류풀과가 각각 23%를 차지하는 것으로 조사되었다.

건강한 다육식물
고르기

다육식물 잎을 살피기

- ☑ 손으로 살짝 만졌을 때 잎이 떨어지지 않고 적당하게 단단한 것을 고른다.
- ☐ 잎이 너무 뚱뚱하면 영양 과다로 입장이 쉽게 떨어질 가능성이 크다.
- ☐ 잎이 바짝 마르면 뿌리가 좋지 않을 가능성이 크다.
- ☐ 일조량 부족으로 웃자람 현상이 있는지 살펴야한다.

  (웃자람 현상이 있는 다육식물은 쉽게 부러진다.)
- ☐ 다육식물의 얼굴이 뒤집힘 현상이 없는 것을 고른다.
- ☐ 다육식물을 살펴보면 곰팡이(솜깍지벌레, 응애) 구멍(청벌레, 달팽이), 무름병, 점 등이

  있는지를 확인해야 한다.
- ☐ 입장이 비정상적인 것보다는 좌우 대칭이 맞고 짱짱한 것을 고른다.

KEY POINT

- ☐ 웃자람이 없고 단단한 목대가 있는 것을 고르면 건강한 다육식물이다.
- ☐ 잔뿌리가 힘이 있고 많을수록 좋다.
- ☐ 구입 후 바로 심는 것보다는 햇빛, 바람 통하는 곳에서 말려서 심으면
    작품으로 만들고 나서도 오랫동안 볼 수 있다.
- ☐ 아트 작업 후에도 넬솔 수분을 흡수할 수 있으니 수분이 조금 부족한
    다육식물을 고르는 게 좋다.

다육아트에 적합한 다육 식물 고르기

줄기는 꼿꼿하고
힘 있는 것을 고른다

로제트(얼굴)가 단단하면서
짱짱한 것을 고른다.

다육식물
키우기

다육식물은 대부분 봄, 가을에 성장한다. 그러나 독특하게 여름에 성장하는 하형 다육식물과 겨울에 성장하는 동형 다육식물이 있다. 하형 다육은 여름에 최대한 햇빛을 자주 보여주어야 한다. 잎은 최대한의 햇빛을 받게 하고 뿌리는 시원하게 해주는 것이 웃자람을 방지할 수 있는 방법이다. 뜨거운 혹서기에는 저녁에 물 주는 것이 좋으며, 웃자람을 막겠다고 물을 주지 않으면 깍지벌레가 생기니 주의해야 한다. 동형 다육은 여름동안 성장을 멈추기 때문에 강한 빛보다는 시원한 장소에 두는 것이 좋다.

동형 다육종류 : 라우이, 구미리, 자라고사, 미니마, 리톱스, 까라솔, 흑법사, 유접곡, 소인제, 화이트그리니, 두들레아, 덴섬, 을녀심, 애심, 옥연, 녹귀란, 루페스트리, 희성

하형 다육종류 : 천대전송, 후레뉴, 은행목, 아악무, 비취후리대, 미니벨, 카시즈, 애프터글로우, 프릴종류, 뉴헨의진주, 춘맹, 홍옥, 오로라, 마커스

계절별
다육이
관리법

봄

① 분갈이

심은 지 2년이 지난 다육이나, 화분보다 더 커진 식물이 있다면 흙에 영양분이 빠져나가기 때문에 새로운 흙에 심어 주는 것이 좋다.

② 화상주의

겨우내 실내에 보낸 다육식물은 햇빛에 약하다. 때문에 봄 햇살에도 화상을 입을 수 있으니 서서히 적응시켜 주는 것이 좋다.

③ 물 주기

다육 식물은 환경과 흙에 따라 다르겠지만 보통 2주에 한 번 물을 주는 것이 적당하다. 물을 언제 줬는지 잊어버렸을 때는 입장이 쪼글해졌을 때 주는 것이 좋다.

④ 하엽 제거

다육식물 밑 잎장이 푸석거리는 것을 하엽이라 한다. 하엽이 많으면 통풍이 안 되기도 하고 각종 병충해의 원인이 되기 때문에 반드시 제거해줘야 한다.

⑤ 약 방제(살충, 살균)

봄이 되면 각종 벌레들도 함께 깨어난다. 잎을 병들게도 하고 갉아먹기도 하니 살충, 살균제를 뿌려주는 것이 좋다.

⑥ 잎꽂이, 파종

봄에는 다육식물들이 성장하는 시기라 잎꽂이가 잘 되는 시기이다. 꼬물꼬물 올라오는 다육 아가들이 귀엽기도 하고 생명의 신비감이 느껴진다. 잎꽂이, 파종에 도전해보자.

여름

① 물 주기

여름에는 성장 시기라 물 주기가 쉬울 수 있지만, 습도가 높은 여름에는 물 한 방울 때문에 다육식물이 죽을 수도 있다. 여름철에는 물을 주는 시간이 중요하기 때문에 온도가 올라가는 아침보다는 저녁에 주는 게 좋다. 밤 온도가 33℃ 이상인 날은 흙의 10% 정도 젖도록 주는 게 좋다. 너무 물을 많이 줘서 수분 먹은 흙의 온도가 높아질 경우 삶겨질 수도 있고 무름병이 올 수도 있다.

② 약 방제(살충, 살균)

장마가 오기 전에는 살균제를 뿌려 주는 것이 좋다. 약 방제 시간은 오후 4시경 햇살의 강도가 약할 때가 좋으며, 예방 차원에서는 한 번만 살포하면 되고 병충해가 생겼을 때는 약 희석률을 꼭 맞춰 3일에 한 번씩 총 3번을 방제하면 좋다. 깍지벌레는 100% 방제가 안 될 수 있으니 뿌리째 뽑아 흐르는 물에 씻어 그늘에 말린 다음 분갈이를 하는 게 좋다.

③ 차광

뜨거운 열로부터 보호가 필요하기 때문에 오전 11시부터 오후 3시까지는 차광을 해주어야 한다.

가을

① 여름에는 푸르른 풀처럼 초록으로 성장하다가 가을이 되면 햇살과 일교차로 인해 다육식물들이 단풍드는 것처럼 예뻐진다.

② 물 주기

잎장이 쪼글쪼글할 때 주면 좋다. 시기를 말하자면 15~20일 간격으로 주면 된다.

③ 분갈이

다육식물은 보통 2년에 한 번은 꼭 해야 한다. 크게 키우려면 상토 비율을 높이고 적당한 크기로 예쁘게 키우고 싶다면 마사토의 비율을 높여준다.

겨울

① 온도 관리

실내와 실외의 온도 체크를 해주어야 한다. 추위에 약한 품종은 영상5℃, 추위에 강한 품종은 영상 2~3℃를 유지해줘야 한다. 실내에서 관리할 경우 춥지 않은 낮 시간에 환기해 주는 것이 좋다. 갑자기 찾아오는 추위에는 신문지나 에어캡(뽁뽁이)을 덮어 보온을 유지해 준다.

베란다에 다육이를 보관할 경우 창가 근처에는 두지 않는 것이 좋다. 새벽 시간대에 급격히 온도가 내려가서 식물이 얼어 버릴 수 있으니 겨울철 물 관리는 가급적 낮에 소량으로 주는 것이 좋다. 너무 추운 날씨에는 물을 주지 않는 것이 좋다. 겨울에는 저면 관수는 추천하지 않는다.

- 더위에 약한 다육
: 라울, 아이보리, 후레뉴, 철화, 소인제금, 방울복랑금 외 금 종류, 털이 있는 부용, 웅동자금 룬데리, 동형 다육, 아메치스, 디케인, 실버스타, 누다, 상록, 크리스마스, 라일락, 연봉, 양로, 팬던스, 소송록, 칠복수, 세토사, 썬버스트

- 추위에 약한 다육(영하로 떨어 질때는 물 주기를 멈춘다)
: 샐러드볼, 할로윈, 캐시미어, 흑법사, 당인, 꽃기린, 라울, 염좌, 산세베리아, 녹비단, 우주목, 케멜레온, 아악무, 옵튜사, 수, 석화, 탑돌이다육(희성,언성,애성,루페스트리), 썬버스트, 까라솔, 소인제, 유접곡, 퍼프, 그라노비아, 프릴, 당인, 누다, 수연, 양진, 리틀뷰티, 고사옹, 애연금, 핑크프릴

- 물을 좋아하는 다육
: 수연, 소인제금, 립살리스, 방울복랑, 당인, 희성, 희성금

- 물을 싫어하는 다육
: 라울, 아이보리, 흥미인, 성미인, 달마미인, 입장이 통통한 다육

- 화상 잘 입는 다육
: 춥스철화, 론에반스철화, 립스틱 외 창 종류, 핑클루비, 레티지아, 을녀심, 누다, 아모에나, 흑법스, 에쿠스, 레이쳄, 뎁, 라울, 홍포도, 론에반스, 뉴헨의진주, 동미인, 황려, 라즈베리아이스, 오리온, 샴페인

- 과습에 취약한 다육
: 칠복수, 홍화장, 라즈베리아이스, 정야, 리틀쨈, 철화다육, 축전, 을녀심, 파랑새, 레이블리, 룬데리, 발디

다육아트를 하기 전
알아두면 좋은
기본 테크닉

1. 분갈이
준비물 _ 화분, 깔망, 마사토, 다육토, 다육(팬더스)

1. 화분에 깔망을 깐 뒤 굵은 마사를 깔아준다.

2. 다육토를 화분의 70% 정도 채워준다.

3. 구매한 다육을 화분에서 꺼낸 뒤 흙을 털어낸다.

4. 흙을 털어낸 다음 뿌리를 정리해준다.

5, 정리된 다육을 화분에 올린 뒤 흙을 조금씩 채우고 핀셋이나 나무 젓가락으로 다육토를 찌르면서 흙을 골고루 정리해준다.

2. 다육아트에 사용할 다육식물 다듬기

1. 다육아트에 사용할 다육을 자를 때는 흙에서부터 1~1.5cm 위로 잘라준다.

2. 줄기를 자를땐 일직선으로 잘라준다.

*줄기를 사선으로 자를 경우 물에 닿는 면적이 커져서 쉽게 무르고 시들 수 있다.

3. 자른 다육을 여름에는 2~3일 정도 말리고 겨울에는 1일 정도 말려서 사용한다.

*바로 사용해야 할 경우 단단한 줄기를 가진 다육을 사용하는게 좋다.

4. 다육식물을 작품에 사용할 경우 외두를 사용해주는 것이 좋다. 쌍두를 사용할 경우 얼굴 방향이 틀어져 모양 잡기가 쉽지 않다.

3. 용기별 적정 다육식물의 개수(5·7·10)

심는 용기(오브제)가 작은 경우는 5가지, 중간 용기는 7가지, 큰 용기는 10가지 이상의 다육식물이 들어가지 않는 것이 좋다.

다육아트를 하기 전
알아두면 좋은
기본 테크닉

/

4. 꼰작가의 다육아트 Tip

다육식물의 조화로움이 중요하기 때문에 얼굴 크기와 모양들이 다른 것으로 골고루 사용한다.

구부러진 다육은 잘라서 곧은 상태로 심는 것이 좋다. 구부러진 상태로 심을 경우 심기도 힘들 뿐 아니라 심고 난 후 뽑히거나 넘어지는 경우도 많고 뿌리 내림도 힘들어 진다.

핀셋을 사용할 때는 줄기를 사선으로 집어서 흙에 핀셋이 먼저 닿는 것이 좋다.

다육 얼굴 방향이 밑으로 가지 말고 위로 향하도록 심는다.

얼굴이 큰 다육을 먼저 심고 주변을 작은 다육으로 둘러준다.

다육 얼굴이 일직선이 되지 않게 심어주는 것이
좋다.

공간이 무너지지 않도록 넬솔에서 살짝 들어 올려
심어준다.

긴 다육은 뒤로, 얼굴이 직은 다육은 앞으로 배치
해 전체적으로 조화롭게 식재한다.

- 다육은 용기 혹은 오브제의 60%를 심어주는 것
이 좋다.

*너무 많이 심으면 다육이 덩어리로 보여져 전체적
인 균형이 깨질뿐만 아니라 시선이 분산된다.

- 붉은 색 다육이 이쁘다고 붉은 색만 심으면 포인
트가 없고, 작품의 완성도가 떨어지기 때문에 그
외의 색감으로 서로를 조화롭게 잘 살려주는 것이
가장 중요하다.

01

기념일을 더욱 빛내주는
다육 바구니

재료 _ 라울, 화재, 백은무, 그린애또, 홍용월, 청솔, 화재꽃, 바구니, 코코칩, 마사, 넬솔, 핀셋, 가위, 흰돌, 스프레이, 장갑

1. 바구니에 코코칩을 70% 정도 채운다.

2. 반죽해 둔 넬솔을 뭉쳐서 중간 지점에 넣고 흰 돌을 양 가장 자리에 두른다.

3. 핀셋으로 다육 끝 부분을 사선으로 잡고 넬솔에 밀어 넣는다.

4. 키 큰 다육식물은 뒤로 작은 다육을 앞부분에 심는다.

5. 흙이 보이지 않게 빈공간 사이 사이에 다육을 심는다.

6. 선물하기 좋게 리본으로 장식한다.

02 | 쓸모가 없어져 버려지는 장식품에 다육을 더하다

재료 _ 웨스트레인보우, 취설송, 녹영, 마커스, 홍옥, 라울, 그린에또, 장식품, 넬솔, 가위, 핀셋, 장갑, 스프레이

1. 넬솔을 장식품에 심고자 하는 부분에 뭉쳐서 눌리듯이 붙인 뒤 색감과 얼굴이 이쁜 다육을 중심에 심어 준다.

2. 중심 다육 주변에 알록달록 하고 얼굴이 서로 다른 다육 식물들을 리듬감 있게 식재한다.

3. 다육의 줄기를 잡고 빈 공간을 채우듯 심어 준다.

4. 길게 늘어지는 녹영이나 다육꽃을 이용해 멋스러움을 더한다.

03 | 더 이상 쓰이지 않는 바이올린에 다육식물을 심어 보자

재료 _ 웨스트레인보우, 홍용월, 네티지아, 라울, 홍옥, 오로라, 사랑무, 별의 눈물, 레드베리, 그린에또, 어린이용 바이올린, 넬솔, 핀셋, 가위

1. 다육식물을 식재할 곳에 꼼꼼히 넬솔을 붙인다. 넬솔이 뭉쳐지지 않으면 식재한 다육이 떨어질 수 있으니 최대한 꼼꼼히 뭉쳐서 붙여줘야 한다.

2. 중심에 웨스트레인보우 다육을 3개정도 배치한다.

3. 주변에 웨스트레인보우 다육보다 작은 다육들을 색감에 맞게 배치한다. 붉은 색 옆에는 그린색이나 톤이 다운된 다육식물을 사용하는 게 좋다.

4. 빈 공간이 덜 보이게끔 꼼꼼히 심어 마무리한다.

04 | 옛추억을 생각나게 하는 우리 엄마의 장독대

재료 _ 조이스, 화재, 청솔, 라울, 수빙, 바이올렛퀸, 라울, 브레비폴리아, 원형 용기,미니어쳐 장독, 중간 마사, 코코칩, 핀셋, 가위, 일회용 숟가락

1. 코코칩을 용기에 70% 정도 깔아 준다.

2. 넬솔을 용기 중심에 넣고 중간 지점을 봉긋하게 만들어준다.

3. 미니 장독대를 화기 사이드 쪽에 배치한다.

4. 바이올렛퀸과 별의 눈물을 잘 배치하여 식재한다.

5. 색감과 안정감을 고려하여 주변에 여러 다육식물을 식재한다.

6. 중간 마사를 다육이가 쓰러지지 않도록 넣는다.

*장독대가 잘 보이도록 장독대 근처에는 키가 크거나 얼굴이 큰 다육을 심지 않는다.

05 나무둥치를 이용한
멋스러운 다육 심기

재료 _ 웨스트레인보우, 부용, 라울, 볼켄시금, 화제, 레드스톤, 조이스, 자작나무 둥치, 넬솔, 핀셋, 가위

1. 자작나무 둥치에 넬솔을 채운다.

2. 얼굴이 큰 웨스트레인보우를 식재하고 볼켄시금을 흐르듯 심어준다. 볼켄시금의 기둥을 단단히 넬솔에 식재 하지 않으면 흔들거리거나 떨어질 수 있으니 주의한다.

3. 웨스트 레인보우 사이사이에 라울이나 조이스로 서로의 색감을 살려 주면 안정감 있게 배치한다.

4. 나무 둥치가 보이도록 적당한 양의 다육을 식재한다. 욕심을 부려 많은 양의 다육을 심게 되면 오브제가 안 보일 수 있다.

06 내 손의
작은 손바닥 정원

재료 _ 아악무, 사랑무, 오로라, 녹영, 네티지아, 라울, 그린에또, 작은 토분, 토분접시, 넬솔, 흰돌, 핀셋, 가위, 일회용 숟가락

1. 토분 접시에 넬솔을 꼼꼼히 붙인다.

2. 위에 작은 토분을 눕힌 후 접시와 토분을 연결하듯 붙인다.

3. 라울, 오로라, 네티지아, 사랑무, 그린에또를 순서대로 심어 준다.

4. 아익무와 사랑무는 위쪽으로 심어 사랑스러움을 더해준다.

07 시멘트 화분의 멋스러움 과 빈병 닮은 오브제

재료 _ 청솔, 부용, 큐빅, 오로라, 발디, 녹영, 화제, 그린에또, 시멘트 오브제, 넬솔, 핀셋, 가위

1. 시멘트 화분 오브제에 넬솔 60%정도를 채워준다.

2. 큐빅, 청솔, 발디 등으로 레이아웃을 잡고 식재를 진행한다. 너무 많은 양을 심는 것보다는 적당한 공간을 주고 여유롭게 작업을 해줘야 답답하게 보이지 않는다.

3. 화제, 그린에또 등 포인트가 될 만한 것을 사이사이 넣어 준다.

4. 다육을 잘 세울 수 있도록 꼼꼼히 넬솔을 붙여 주는 것이 중요하다.

다육아트
작품 관리법

완성된 작품에 물을 줄 때는 호스 달린 긴 물병을
이용해서 다육식물 사이를 벌려 흙쪽으로 물을 준
다. 물을 줄때는 간격을 두고 조금씩 주되, 흙이 흠
뻑 젖도록 2~3분 간격으로 3회 정도 주는 것이 적당
하다.

다육식물에 흙이 끼이면 다육에 상처가 나서 미워
질 수 있으므로 작품을 만든 후 흙이 묻었거나, 물
주고 난 뒤 입장에 흙이 튀었을 경우 부드러운 붓으
로 살살 털어준다.

물을 주고 난 후에 다육 잎장에 물이 고여있으면 통
풍이 원활하게 이루어지지 않아 우수수 떨어질 수 있
다. 그렇기 때문에 물을 주고 난 후에는 에어블로어로
물을 털어내는 것이 좋다. 뿐만 아니라 다육식물에 상
처가 나지 않게 먼지 제거도 할 수 있다.

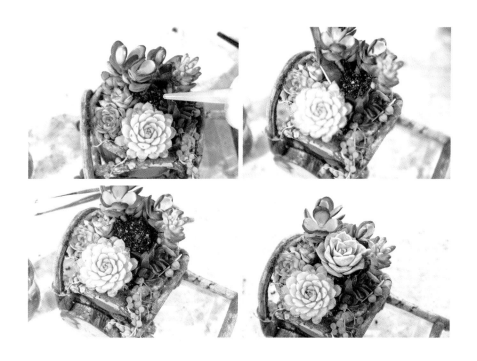

다육아트 작품 리터치 Tip

작품을 키우다 보면 다육식물이 망가지거나 죽을 수도 있다. 그럴때는 죽은 다육식물만 빼내서 흙에 물을 뿌려 촉촉하게 한 다음 핀셋으로 긁어서 흙 부분을 조금 퍼내고, 새롭게 넬솔을 채워 다육을 식재해 주면 조금 더 건강한 다육아트 작품으로 유지시킬 수 있다.

CHAPTER 3.

꼰작가의
다육아트 디자인

01 | 소품의 변신

바스켓에 다육을 식재한 뒤 늘어진 녹영을
추가해 풍성하고 멋스러운 작품을 연출했다.

재료 _ 팬지, 녹영, 라울, 화제, 네터지아

02 로망스

신데렐라 마차와 유리구두를 오브제로, 그 위에 넬솔을 올려 다육을 식재했다. 작은 다육과 긴 다육을 사용하면 작품에 리듬감을 줄 수 있어 조금 더 생동감 있는 작품이 탄생한다.

재료 _ 네티지아, 수빙, 뽀빠이, 홍옥, 오로라

03 | 새장 속에 핀 열정

오래된 새장을 재활용해 다육아트 작업을 진행했다.
늘어지는 녹영과 색감이 도드라지는 화제를 사용해
작품에 포인트를 주었다.

재료 _ 화제, 퍼플딜라이트, 라디탄스, 녹영

04 | 다육책

책 오브제 가운데에 네모 모양으로 구멍을 내고 다육을
식재했다. 책 오브제는 모양과 디자인에 구애받지 않고
언제나 멋스러운 작업을 진행할 수 있다.

재료 _ 특엽옥접, 연봉, 올펫, 화재, 라울, 오로라, 라디칸스, 녹영

05 | 거울아 거울아

거울 유리 부분에 다육을 식재했다. 집안 장식용으로도
잘 어울리고, 거울 셀카를 찍을 때도 사진이 잘 나오는
작품이다.

재료 _ 연봉, 로라, 발디, 화제, 그린에또

06 | 다육행잉

작은 볼에 다육식물을 꽃처럼 연상할 수 있도록 어레인지했다. 고리가 있는 볼이기 때문에 마크라메 위에 걸어도 멋스럽게 관상할 수 있고, 집안 어느 곳에 걸어도 인테리어적으로 효과적이다.

재료 _ 홍용월, 라디칸스, 부용, 부사

07 | 나무그릇 센터피스

테이블 위를 장식하기 좋은 나무그릇 센터피스
디자인이다. 귀한 손님이 오시는 날 향기로운
차를 마시며 감상하기 좋다.

재료 _ 라일락, 살구미인금, 아란타, 녹영, 아악무

08 이태리 토분

이태리 토분 위에 작은 다육식물들을 어레인지했다. 한 개의 작품이 아니라 여러 작품을 만들어 함께 배치하면 크고 감각적인 작품이 탄생한다.

재료 _ 오로라, 아란타, 다솔, 세덤, 녹영

09 | 다육가방

허름해진 가방을 새로 칠하고 디자인한 뒤 알록달록한 색을
가진 다육식물을 식재했다. 다육을 좋아하는 사람에게 추천
하는 작품이다.

재료 _ 녹영, 오팔리나, 아악무, 적기성

10 | 새장속에 핀 다육

빈티지한 새장 속에 다육식물을 식재해 멋스러움과 화려함을 느낄 수 있도록
제작한 작품이다. 새장 작품을 만들 땐 다육을 너무 높게 심지 않고 긴 다육식
물은 새장 옆 사이로 내보내주는 것이 좋다.

재료 _ 라일락, 녹영, 슈미미티, 아란타, 부영, 홍용월, 아악무, 러블리로즈, 아메치스

11 │ 다육수레

미니어처 수레에 다육을 수북하게 식재했다. 작은 소품이라도 다육을 심을 공간
만 있다면 멋진 연출이 가능하다.

재료 _ 로라, 원종프리티, 조이스, 세덤, 아악무

12 | 백조의 꿈

백조의 등에 넬솔을 붙여 다육을 식재했다. 녹영을 꼬리
부분으로 늘어트려 표현해주면 마치 물 위를 지나온 듯한
자국을 남겨주어 포인트가 된다.

재료 _ 발디, 러우, 녹영, 을녀심, 블루엘프

13 | 다육케이크

동글한 수반으로 단을 쌓아 다육케이크의 오브제를
제작한 뒤 다육을 식재했다. 슈미미티꽃은 다른 다육
꽃들보다 화려해서 다육케이크 작품을 더 아름답게
보이게 하는 효과가 있다.

재료 _ 파랑새, 그린에또, 살구미인금, 라일락, 슈미미티

14 특별한 선물

특별한 선물을 하고 싶어서 제작한 다육바구니 작품이다. 긴 다육을 손잡이 뒤로 어레인지하면 시선을 집중시킬 수 있고 잡기에도 불편함이 없다.

재료 _ 라일락, 을녀심, 아란타, 화제, 레드베리, 라울, 오로라, 아악무, 까라솔

15 | 식탁장식 센터피스

미니 볼에 담길 수 있는 작은 다육을 사용해
제작한 귀여운 센터피스 작품이다. 작은 디자
인이기 때문에 식탁에 올려놓아도 자리 차지
가 크지 않아 크게 불편함 없이 볼 수 있다.

재료 _ 발디, 네티지아, 아악무, 녹영

16 | 다육 부케

꽃 부케만 있다는 편견을 뒤로 하고 다육으로 부케를 제작했다. 결혼식 날 신부가 입장할 때 다육 부케를 들고 입장한다면 색다른 신부 부케를 보여줄 수 있을 것이다.

재료 _ 킨데, 살구미인금, 라일락, 팬지, 샴페인

17 | 다육스토리 가드닝

작품을 보고 많은 이야기를 만들 수 있는 다육스토리 가드닝 작품이다. 작가의 표현보다는 보는 사람이 직접 스토리를 만들면 작품에 재미를 더할 수 있다.

재료 _ 러블리로즈, 발디, 부용, 세덤, 오로라, 아악무

18 | 쉼이 필요해

미니어처 의자 위에 다육을 어레인지했다. 작품을 자녀의 책상 위에 올려놓으면 공부를 하다 쉼이 필요할 때 한 번씩 바라보며 눈을 풀어주는 용도로 사용할 수 있다.

재료 _ 라일락, 을녀심, 아란타, 화제, 레드베리, 라울, 오로라, 아악무, 까라솔

19 | 호박 소품들이 굴러 다녀요

집안에서 한두 개씩 눈에 띄는 소품들에 살짝 색감을 얹어 다육식물과 함께 연출했다. 알록달록한 색을 가진 화기이기 때문에 화이트한 공간에 배치하면 시선을 주목시키는 효과를 볼 수 있다.

재료 _ 녹영, 다솔, 적기성, 바이올렛퀸, 살구미인금, 러블리로즈

20 | 솜씨자랑

황순애작가가 직접 제작한 뜨개 화분 위에
다육식물을 어레인지했다. 감성적인 화분과
센스있는 다육아트의 콜라보로 독특함을 뽐
내는 작품이다.

재료 _ 연봉, 은월, 라울, 아란타, 러블리로즈, 녹영

21 | 보물상자

상자 속에 보물 대신 다육을 넣어 뚜껑을 열면
다육식물이 쏟아져 나오는 듯하게 연출했다.

재료 _ 홍용월, 금황성, 발레리나, 라일락, 세덤, 청성미
인, 러블리로즈, 슈미미티

22 | 유리 볼 센터피스

깔끔하게 볼 수 있는 유리 볼 센터피스를 제작했다. 다육식물과 넬솔도 많이 사용되지 않아 간편하게 제작할 수 있다.

재료 _ 마키스, 발디, 뽀빠이, 프리티, 홍옥

23 | 미술학도의 꿈

조각상 머리 위에 구멍을 내고 그 속에 다
육을 어레인지했다. 큰 다육을 소량으로
사용했지만 풍성해 보이도록 자리를 배치
했다.

재료 _ 칸테, 아메치스, 금황성

24 | 다육모찌

모찌처럼 귀여운 작품을 연출했다. 동그란 화기에 파스
텔톤을 칠해 러블리함을 강조하고, 넬솔에 색돌을 입
혀 풍부한 색감을 가진 다육작품을 제작했다.

재료 _ 러블리로즈, 루피스트리, 마카스, 네티지아

25 | 장독대의 달달한 추억

정겨운 장독대에서 숨바꼭질을 하던 어린시절을
회상하며 제작한 작품이다. 장독대를 앞부분에
배치하고 다육을 뒤로 식재해 숲같은 느낌을 연
출했다.

재료 _ 라울, 오로라, 세덤

26 | 다육유모차

미니어처 유모차에 다육식물을 연출했다. 아기자기하게 연출된 다육유모차를 침대 옆 테이블에 배치하면 조금 더 아늑한 방 분위기를 낼 수 있다.

재료 _ 발디, 라디칸스, 녹영, 그린에또

27 | 오리 가족

오리 오브제 위에 다육을 식재해 정겨운 다
육가족들을 만들었다. 식재를 모두 마친 후
추가 오브제로 오리목에 스카프를 둘러주
면 더욱 더 귀여운 오리 가족을 연출할 수
있다.

재료 _ 수빙, 아악무, 조이스, 염좌

28 | 다육리스

리스틀 위에 다육을 어레인지했다. 다육리스를 만들 때는
빈틈 하나 보이지 않을 정도로 빼곡히 다육을 심어주어야
단단하고 멋스러운 리스를 만들 수 있다.

재료_ 러블리로즈, 마카스, 원종프리티, 오로라, 그린에또, 라일락

29 | 녹영수레

녹영을 심어 깊이 있는 작품을 만들었다. 꼭 녹영이 아니더라도 늘어지는 다육식물을 심어 수레 밖으로 빼주면 난이도 있어 보이는 작품을 만들 수 있다.

재료 _ 녹영, 부용

30 | **귀여운 소품 가방**

작은 소품이 눈에 띄어 만든 소
품 가방 작품이다. 오브제의 분
위기에 맞춰 다육을 어레인지해
주는 것이 중요하다.

재료 _ 라일락, 녹영, 루페스트리금,
레드베리, 그린에또

31 | 작은 소품과 다육 아기들

작은 소품에 다육식물을 모아심기해 가족처럼 옹기종기 모여있는 다육작품을 만들었다. 다육을 만들 때는 오브제가 가장 큰 역할을 하지만 그 비율에 맞춰 다육식물을 식재하는 것도 중요하다.

재료 _ 발디, 수빙, 적기성, 라일락, 오로라, 뽀빠이

CHAPTER 4.

다육사업자들의
인터뷰

다육아트로
어떤 사람을 만났을까?

다육아트라는 한 장르를 통해 정말 많은 사람을 만났고 알게 되었습니다.

처음 강의를 시작했을 때는 공방을 운영하면서 원에 수업을 하는 사람들과 식상했던 강의가 지루해 생명력 있는 다육식물로 강의를 하고 싶은 사람들을 만나 다육공예로 수업을 진행했습니다. 수업을 꾸준히 진행하던 중 작품과 예술성에 한계가 찾아왔고, 시장도 점점 좁아져 다육공예를 사랑하고 열심히 배운 사람들의 설 자리가 좁아지기 시작했습니다. 단계를 뛰어넘는 다육식물의 예술세계가 시급해졌고, 저 또한 어떻게 하면 이 시장을 터 크게 키울 수 있을까? 라는 질문이 머릿속을 꽉 채우고 있었습니다. 그때 문득 다육에 아트를 넣어 수업의 질을 높이고 더 예쁘고 다양한 오브제를 사용해보자! 라는 생각이 들었고 바로 실행에 옮겼습니다. 점점 많은 사람들이 관심을 보이기 시작했고, 꽃집을 운영하는 사람들 외에도 일반인들까지 강의를 요청해 왔습니다. 창업 수업을 하는 사람과 꽃집의 경쟁력에 다육아트를 더하고, 오랜 방과 후 수업을 하던 사람들은 아이디어 고갈로 다육식물을 선택하면서 강의를 듣고자 하는 사람들의 수가 점점 많아져 다육공방을 오픈해 본격적으로 강의를 시작했습니다. 결과는 매우 성공적이었습니다.

2016년 봄 다육식물 시장은 한 번 더 크게 형성되었고, 그 후로 공예 선생님, 꽃집, 원예학 교수님, 의사, 세무사, 퇴직자, 경력단절여성, 청년, 카페 대표님, 다육농가, 마음에 병을 안고 사는 일반인, 원예학과에 진학 예정인 고등학생부터 최고령 80대 어르신까지 모두 저와 수업을 진행했습니다. 수업을 받으면서 남녀노소, 나이, 성별에 상관없이 좋아하니 강의자인 제가 더 신났고 더 많은 것을 가르쳐 드리고 싶어서 공부하고 또 공부했습니다. 노력의 결과로 저와 수업을 했던 학생 중 원예학과에 진학했던 고등학생은 다육아트를 계기로 미국 어느지역에 교환학생으로 간다는 좋은 소식을 알려 왔고, 80대 어르신은 아직도 건강하게 작품 활동에 임하여 '다육아트 콘테스트'에 캔디자인 부분 은상을 수상하였다고 합니다. 너무 자랑스러운 선생님이 많아 이 일을 하는 지금도 그 힘과 에너지로 지탱하면서 쉬지 않고 새로운 아이디어를 생각해 수업을 이어오고 있습니다. 내 강의를 들으며 많은 사람이 여러 곳에서 직업인으로 활동하는 모습을 보거나 소식이 들려오면 그저 뿌듯하고 보람찹니다.

강원도 정선군 고한읍 동아리팀

예쁜깡통들

강원도 정선군 고한읍 야생화 마을의 다육아트 동아리팀 '예쁜깡통들'. 이 팀은 마음도 가꾸고 마을도 가꾸고 싶은 사람들(20명)이 모여 만들어진 동아리다. 이들은 현재 탄광촌을 찾아오는 방문객들에게 즐거움을 주고자 마을 가꾸기 사업을 추진하고 있으며, 뛰어난 손기술로 마을을 감각적으로 재탄생 시키고 있다.

멋진 취지를 가지고 활동하고 있는 동아리팀 '예쁜깡통들'은 어떻게 다육아트를 접하게 되었나요?

저희 마을의 자랑인 함백산의 야생화를 보고 마을로 내려온 방문객들에게 또 다른 볼거리를 선사하고자 지자체에서 다육아트를 배울 수 있는 기회를 제공해 주었어요. 그렇게 저희는 20명이라는 많은 팀원들이 시작부터 끝까지 한 명의 낙오자도 없이 모두 자격증을 수령하게 되었답니다. 왕복 6시간의 거리를 오가며 가르쳐주신 꼰작가님의 열정과 다육아트가 주는 강한 매력이 원동력이 되었던 것 같아요.

다육아트가 주는 강한 매력은 무엇이었나요?

다육이의 굳센 생명력과 다양하게 업사이클링을 할 수 있다는 것이 매력적이었습니다. 다육아트를 하기 위해서는 오브제가 꼭 필요한데요. 비싼 상품을 구입해 만드는 것 보다 버려지거나 사용하지 않는 물건을 재활용해 오브제로 사용하면 더 멋진 다육아트 작품이 나오더라고요. 환경도 지킬 수 있고 우리만의 독창적인 작품도 만들 수 있으니 더 재미있게 다가오더라고요.

가장 큰 인기를 끌었던 다육아트는 무엇이었나요?

버려지는 모든 것에 다육아트를 접목한 작품이었습니다. 기발한 오브제 위에 매력적인 다육식물 식재로 많은 사람들에게 큰 관심을 받았습니다. 그 중 '캔 업사이클' 반응이 독보적이게 좋았답니다.

환경도 생각하고 마을도 가꾸고 의미있는 일을 하고 계셔서 정말 보람찰 것 같아요!

마을을 위해서 의미 있는 일을 한다는 것이 보람이 있고, 우리 마을의 골목길이 자랑할 만큼 멋진 모습으로 재탄생 된 것을 보면 마음이 뿌듯합니다. 우리 다육아트 동아리 '예쁜 깡통들'은 하루하루를 즐겁게 예쁜 작품들을 위해 즐거운 고민을 하고 있습니다.

끝으로 다육식물을 사랑하고, 다육아트로 진로를 삼으시려는 분들에게 해주실 말씀이 있으시다면요?

다육아트는 다양한 분야로 확장할 수 있는 공예입니다. 취미로 동아리 활동이나 도시 재생을 계획하고 있는 분들이 있다면 다육식물 키우기와 다육아트, 캔디자인 등을 매칭한 마을 가꾸기 사업을 추천해 드립니다. 또한, 고한 골목길 정원박람회에도 많은 관심과 사랑 부탁합니다.

강화군 다육갤러리
꿈다육갤러리&공방

인천시 강화군에서 운영되고 있는 '꿈다육 갤러리&공방'. 이곳에서는 아트에 활용할 다육식물을 직접 키우고 있다. 그래서인지 일상생활 중에서도 괜찮은 다육아트 아이디어가 떠오르면 즉석에서 제작을 시도해 볼 수 있다. 이곳만의 또 다른 특별함은 다른 공예 기법과 다육식물의 접목을 시도해 독창적인 아트를 한다는 것이다.

다육아트를 시작하시게 된 계기가 궁금해요.

이전에는 냅킨아트와 초크아트, 내추럴 초크아트, 아로마 향초, 가죽공예 등 다양한 생활 공예 등을 하다가 2019년도쯤 우연한 기회로 다육아트를 접하게 되었습니다. 다육아트에 대해 배우고 알아가면서 문득 제가 그동안 배운 공예들과 함께 어레인지하면 정말 잘 어울릴 것 같다는 생각이 들더라고요! 그래서 저만의 공예기법을 다육아트에 응용해보게 되었고 생각보다 큰 재미와 감동이 있어 지금 이렇게 정착해서 여러 사람에게 다육아트를 알리고 가르칠 수 있는 공방을 운영하고 있습니다.

다육아트 활동을 하면서 생긴 고민은 없으셨나요?

다육식물로 작품을 만들면 과연 그 작품이 얼마나 유지될까 하는 고민이 가장 많았습니다. 또한, 식물은 눈으로 보는 것이 더 익숙하기에 직접 손으로 만지며 작품을 만드는 것이 배우고자 하는 분들에게 어렵게 다가가지는 않을까 우려도 되더라고요. 하지만 제 걱정과는 달리 오히려 직접 식물을 만지고 생각하며 작품을 만드는 것이 큰 장점이 되었습니다.

일반 공예보다 다육아트가 주는 매력이 강한 이유는 무엇일까요?

일반공예는 만들어진 모습 그대로 그 모습을 유지하지만 다육아트는 살아있는 식물이기에 성장하는 모습을 볼 수 있고 사계절의 변화도 뚜렷하게 볼 수 있어 더욱 매력적인 것 같아요.

꿈 다육 갤러리&공방을 운영하면서 가장 기분 좋은 순간은 언제인가요?

다육식물의 뿌리를 모두 잘라내고 다육아트작품을 만드는데요. 그러다 보니 수강생들이 모두 깜짝 놀라곤 합니다. 멀쩡한 식물의 뿌리를 자르고 사용해도 죽지 않고 어떻게 잘 자라는지 궁금하다고 하면서 말이죠. 저는 그게 바로 다육식물의 장점이자 매력이라며 알려드리는 게 가장 행복합니다.

끝으로 다육식물을 사랑하고, 다육아트로 진로를 삼으시려는 분들에게 해주실 말씀이 있으시다면요?

퇴직 후 조금 늦은 나이에 시작해도 누구든 얼마든지 도전할 수 있다는 것이 이 직업의 가장 큰 장점입니다. 무료하고 지친 일상에서 흙도 만지고, 식물들이 나의 손길이 닿아 더 예쁜 작품으로 탄생하니 자존감도 올라간답니다. 취미생활에서 느끼는 만족감도 있고, 더불어 수익도 올릴 수 있으니 어렵게 생각하지 말고 도전해보시길 바랍니다.

다육아트 재료 전문점
넬솔코리아

/

대구광역시 동구에 위치한 '넬솔코리아'. 이곳에서는 다육아트 수업에 응용할 수 있는 다육아트 키트와 여러 가지 공예를 제작하고 판매하고 있다. 완성도 높은 상품, 넬솔 덕분에 다육아트 전문가, 입문자, 취미생활을 하는 사람들이 많이 이용하고 있으며, 단체 수업 전용 키트를 만들어 어린이집, 학교, 꼰작가의 다육공방 등에 납품을 진행하고 있다.

넬솔코리아를 오픈하게 된 계기가 궁금해요.

꼰작가와 넬솔 흙이라는 것을 알게 되면서 다육아트의 무궁무진한 가능성을 보게 되었고 그렇게 이 세계에 발을 들이게 되었습니다. 시간이 흐르면서 저희의 경력이 쌓이게 되면서 다육아트의 세계를 더 많은 사람들에게 알리고 싶은 마음이 커지더라고요. 둘이 머리를 맞대고 어떻게 알리면 좋을지 고민을 하다가 꼰작가는 교육을, 저는 재료 공급을 하게 되면서 넬솔코리아를 오픈하게 되었습니다.

많은 다육아트 파트중에 다육아트 재료 공급 쪽으로 사업을 확장하신 이유가 궁금합니다.

작품 활동과 수업을 진행하고 있었지만, 새로운 공예영역이 만들어지자 필요한 재료를 찾아내고 만들고 공급하는 이가 있으면 좋을 것 같다는 생각을 꾸준히 했어요. 그 파트를 내가 맡아보면 어떨까? 라는 생각이 들면서 바로 행동으로 옮기니 이렇게 제 전문적인 일이 되었습니다. 수업을 진행하는 선생님들이 원하는 재료를 찾아내고, 공급하여 수업이 잘 진행되게 하는 것은 어렵지만 보람도 큽니다.

이 일을 하면서 가장 행복한 순간은 언제인가요?

제가 만들거나 찾은 재료로 다육아트의 장점이 부각되고, 선생님들이 재료를 구입 후 "덕분에 수업을 잘 진행했어요"라는 문자를 받으면 제일 기분이 좋습니다.

끝으로 다육식물을 사랑하고, 다육아트로 진로를 삼으시려는 분들에게 해주실 말씀이 있으시다면요?

　일 속에 파묻혀 지친 현대인들에게는 적당한 휴식이 필요합니다. 식물과 함께하는 것은 휴식의 시간이 될 것이며 그 중 다육아트는 마음 속의 휴양지라고 생각합니다. 사회가 급격히 변하며 사라지는 직업들이 많지만 다육아트는 사람들의 마음을 어루만져 주는 최고의 직업으로 아주 오래 사라지지 않을 직업입니다. 또한 원예 활동은 움직일 수 있는 한 정년이 없는 것이 장점입니다. 현역에서 활동하는 연세 많으신 선생님들이 많이 있는데 언제나 에너지가 넘쳐 보이고 좋아보이십니다.

주식회사
놀터

/

　정원의 도시 전남 순천에서 예쁜 정원이 있는 카페와 원예체험장을 운영하고 있는 주식회사 '놀터'. 이곳은 정원의 도시에 어울리는 넓은 정원을 가지고 있고, 자연과 어우러져 체험과 힐링을 하며 '쉼'이라는 여유를 찾을 수 있는 공간을 제공하고 있다.

다육아트를 언제 알게 되셨나요?

　다육아트를 알게 된 지는 3년 정도 된 것 같아요. 이전에는 원예치료사로 활동하고 있었는데 다육아트를 배우게 되면서 더욱 더 내실을 다지게 되었답니다. 그래서 현재는 다육아트협회 작가로서 활동을 하고 있습니다. 아직도 배울 게 너무 많고 하고 싶은 작품이 너무 많은 아장아장 걸음마를 하는 새내기입니다.

원예치료사를 그만두고 다육아트에 매진하게 된 계기가 궁금해요.

다양한 원예 조경 디자인 등을 접했으나 다육아트는 색다른 매력이 있더라고요. 한계가 없다고나 할까요. 어떤 분야에 적용을 시켜도 화려하게 변신하고 만족도도 높아서 이 일을 택하게 되었습니다.

다육아트를 시작하기 전 알아두면 좋을 이야기가 있을까요?

다육아트를 어떻게 하면 아름답게 표현될지, 어떻게 하면 쉽게 작품의 의미를 전달할 수 있을지에 대한 고민을 꾸준히 하셔야 합니다. 때로는 이 부분이 머릿속에 꼬여있어 작업이 잘 안될 수도 있지만, 노력 끝에 상상했던 작품이 내 손으로 만들어지면 그것만큼 큰 기쁨도 없습니다.

다육아트 체험장도 함께 진행하신다고 들었는데요. 체험을 하는 사람들의 모습은 어떤가요?

저는 다육아트를 통해 대상자와 소통 또는 대상자 서로 간의 소통의 시간을 만들기 위해 많이 노력합니다. 주로 청소년 진로 체험강의를 많이 하는데요. 다육아트와 원예치료도 함께 진행하면서 현재의 심리상태도 어루만져 주고 자존감도 높여주기 때문에 다육아트 작품을 완성했을 때 친구들의 표정이 완전히 달라지는 것을 볼 수 있습니다. 뿐만 아니라 참여도 및 집중도, 만족도도 매우 높은 편입니다.

끝으로 다육식물을 사랑하고, 다육아트로 진로를 삼으시려는 분들에게 해주실 말씀이 있으시다면요?

많은 사람들이 나는 키우기 쉬운 다육식물마저도 잘 죽인다는 생각에 "나도 할 수 있을까?"하고 망설이는 사람들이 종종 있어요. 다육아트는 다육식물을 분갈이해서 잘 키우는 것과는 다른 느낌이 있어요. 작품을 하나하나씩 하면서 다육식물에 대해 알아가고 또 알려주는 재미가 쏠쏠합니다. 도전해 보세요. 다육아트는 앞서 말씀드린 것과 같이 무한한 가능성이 있는 분야입니다!

안양 다육아트 공방
레인보우트리

／

안양에서 원예 심리 지도사 자격을 갖춘 작가가 다육공방으로 운영하고 있는 '레인보우트리'. 이곳에서는 다육아트 뿐 아니라 도우아트와 캔아트, 모스테리어아트 등 다양한 공예활동을 통해 개인 작업을 하고 있으며 동시에 일반인들에게 클래스까지 진행하고 있다.

교사로 근무하다가 퇴직 후 다육아트를 시작했다고 들었어요.

퇴직 후 다양한 것을 배우는 것이 참 재미있더라고요. 그래서 여러 클래스 찾아다니며 듣는 게 취미가 되었어요. 그러던 중 우연히 2019년 방송에서 꼰작가님이 다육아트를 설명하는 모습을 보게 되었는데요, 다육아트의 긴 생존력과 다양한 작품을 배우고 싶다는 마음이 들어 바로 배우게 되었습니다. 많은 클래스를 들었지만 다육아트만큼 매력적인 일은 없을 거라고 생각해 이 길로 제2의 삶을 살아보고자 정착하게 되었답니다.

취미로 들었던 클래스 중 유독 다육아트가 끌렸던 이유는 무엇인가요?

다육아트 이전에 꽃꽂이 클래스를 들었어요. 꽃꽂이 또한 매력적이어서 자격증을 취득하며 꽤 깊이 있게 배웠었죠. 작품 과정 중에는 너무 만족도가 높았으나 관리를 잘해도 길게는 일주일 정도만 감상할 수 있다는데 너무 아쉽고 안타깝더라고요. 그때 다육아트를 알게 되었고 수수하지만, 각각의 개성 있는 꼬물이들이 모여서 가족을 이루는 조화로움과 다양한 오브제와 어울리는 작품들에 큰 매력을 느끼게 되었답니다. 그리고 무엇보다 아트에 소질이 없었는데 제 솜씨와 크게 관계없이 만들고 나면 나름대로 개성 있는 훌륭한 작품이 되어있는 것이 크게 끌렸던 것 같아요.

다육아트로 제2의 직업을 찾으셨는데 후회하신 적은 없으신가요?

저는 레인보우트리 다육공방을 저의 놀이터라고 표현해요. 이제는 내가 좋아하고 즐거운 일을 하며 살기로 마음을 잡고 오픈한 공방이라 후회한 적은 없습니다. 무엇이든 처음 해보는 것이 그렇듯이 사업으로 생각하면 어렵고 복잡하잖아요. 그래서 사실 고민되고 망설였던 거는 사실이에요. 마침 다육아트협회에서 필요한 도움을 받았고 끊임없이 저에게 노하우를 알려 주셔서 과감히 시작할 수 있었습니다.

끝으로 다육식물을 사랑하고, 다육아트로 진로를 삼으시려는 분들에게 해주실 말씀이 있으시다면요?

처음 다육이의 매력을 느낀 곳은 스위스 융프라우로 가는 길에 들른 곳이었어요. 눈 덮인 산속 마을 작은 카페였는데, 머그컵에 무심히 담아 테이블마다 올려놓은 선인장류로 기억합니다. 다육이가 너무 자연스럽게 잘 어울려 예뻤어요. 그 후 저도 머그컵에 담아 다육이를 선물했죠. 지금도 처음 키워보신다는 분들께는 그렇게 시작하라고 권해요. 번식도 재밌구요. 요즘은 마음의 위로가 어느 때보다 필요한 시기잖아요. 지금 이 시기는 식물과의 교감이 더욱 필요한 때이고 식물 중에도 경제적 부담이 적고 굳이 어떤 법칙에 따라 작업을 하지 않아도 완성도가 높은 다육아트가 적당하다고 생각해요. 다육아트 작업에 몰두하고 완성하는 과정에서 마음이 편안해지고 행복했어요. 다육아트는 배우는 것이나 가르치는 것 모두 즐거운 작업이에요. 특히 저처럼 50~60대가 인생 이모작으로 할 수 있는 적합한 일이라 생각하고 추천해요.

여수
업사이클 팩토리

환경을 생각하는 업사이클 예술가들을 양성하고자 세워진 '업사이클 팩토리'. 이 곳에서는 새활용으로 재탄생되는 클레이 작품들과 업사이클 공예품들 그리고 버려질 뻔했던 소품들에 다육을 식재해 새로운 작품으로 재탄생 시키고 있다.

처음부터 다육아트에 관심이 많으셨나요?

처음부터 다육아트에 관심이 있었던 건 아니에요. 작년 업사이클 공예에 관심을 가지게 되면서 다육아트를 알고 배우기 시작했고 올해 초부터 본격적으로 이 일을 시작하게 되었습니다.

업사이클 팩토리를 오픈하기 전 두려웠던 순간이 있었다고 들었습니다.

내 손으로 다육식물을 잡고 심으면 잎들이 상하지 않을까 하는 걱정에 어떻게 잡고 심어야 하나 안절부절했던 초반의 제 모습이 문득 떠오르네요. 오픈을 준비하기

전 저는 다육식물에 대해서 잘 모르는 완전 초보였고 식물 키우는 것이 어려운 사람인지라 시작이 겁이 났습니다. 보기에는 예쁜데 과연 내가 잘 키울 수 있을지, 남들을 잘 알려줄 수 있을지, 누가 다육식물에 대해서 깊이 물어보면 어쩌지 하는 두려움이 가장 컸던 것 같아요.

업사이클 다육아트의 장점은 무엇인가요?

다육아트야말로 업사이클을 진작부터 실천하고 있었던 공예였더라고요. 버려질 뻔한 생활 소품들 한 켠에 디자인되어 올망졸망 모여있는 다육이는 화려하지만 소박하고, 아름다우면서도 소소한 행복을 줍니다. 특히 제가 제일 좋아하는 포인트는 떨어진 잎들에서 빼꼼 나오는 새 생명은 봐도 봐도 언제나 감동이더라고요. 강한 생명력을 가지고 있는 다육아트와 죽은 소품도 살려주는 다육아트는 우리 환경에 큰 도움이 되는 한 분야입니다.

끝으로 다육식물을 사랑하고, 다육아트로 진로를 삼으시려는 분들에게 해주실 말씀이 있으시다면요?

반려식물이 지대한 관심을 받는 시대로 들어섰습니다. 남들과 똑같은 식물을 키우기보다는 더 예쁘고 더 특이한 나만의 것을 가지고 싶어 하는 것이 트렌드인 것 같습니다. 다육아트를 통해서 나만의 정원도 가꾸고 고객들에게 기쁨과 특별함을 선물해보시는 건 어떨까요? 출강을 하며 어린이부터 노인까지 자신의 결과물을 보면서 행복해하는 모습을 보면 이 일을 참 잘 선택했다 하는 생각을 합니다. 내가 먼저 위로를 받고, 나를 통해 다육아트를 경험하는 분들께 행복을 선물하는 삶을 살 수 있는 다육아트 세계로 초대합니다.

영덕 다육공방

온나

/

경북 영덕에 위치한 다육공방 '온나'. 이곳에서는 다육아트 작품을 주문 받아 제작해 판매하거나 다육아트, 모스인테리어, 테라리움, 캔아트등을 주제로 원예 수업을 진행하고 있으며 종종 영덕군 행사에도 참여해 강연을 하고 있다.

제3의 직업으로 다육아트를 선택하신 계기가 무엇인가요?

공문원으로 20년간 재직하고 이후엔 다른 개인사업을 하면서 취미활동으로 할 만한 것으로 찾아 이거 저거 시도하던 중 우연히 꼰작가님의 다육아트를 알게 되었어요. 넬솔이라는 전용 흙을 사용하여 작품을 뒤집어도 식물이 떨어지지 않으니 온갖 상상력을 발휘하여 식물을 디자인할 수 있었습니다. 또한 어떤 용기에 작업하더라도 멋진 작품이 되어버리는 다육아트에 반하지 않을 수 없었습니다. 그렇게 다육식물의 매력에 퐁당 빠져 배우는 것에 열정이 생겼고 하루 왕복 4시간의 거리를 지루함 없이 즐거운 마음으로 오가면서 자연스럽게 저의 제3의 직업이 되었습니다.

다육공방 온나를 오픈했을 때 기뻤기도 했지만, 걱정도 많았을 것 같아요.

처음 새로운 일을 시도한다는 건 누구나 같은 마음이 아닐까 싶은데요. 처음에는 커리큘럼은 무엇으로 정해야 하는지 수업은 어떻게 진행해야 할지 걱정과 고민이 많았습니다. 그때마다 저에겐 든든한 우군인 꼰작가님이 있었고 세세한 것까지 모두 지도편달을 해주셨습니다. 아직도 부족한 점이 많지만, 덕분에 지금은 여러 학교와 관공서에 수업 의뢰도 받을 정도로 많이 성장했답니다.

다육아트의 장점은 무엇이라고 생각하시나요?

남들이 말하는 힐링을 작업을 하면서 느낄 수 있고, 원예치료로 도입되면서 마음의 병을 스스로 치유할 수 있다는 것이 큰 장점이라고 생각합니다. 저 또한 그 장점에 접목된 사람이기도 하고요. 뿐만 아니라 다육아트로 할 수 있는 일들이 얼마나 많은지 더 전문가가 되고 싶은 욕심에 늦은 나이이지만 편입하여 원예 공부도 도전 중입니다.

끝으로 다육식물을 사랑하고, 다육아트로 진로를 삼으시려는 분들에게 해주실 말씀이 있으시다면요?

많은 사람들이 반려식물을 키우는데 그중에서 다육식물은 쉽게 입문할 수 있고 좀 더 발전하여 다육아트는 식물을 이용하여 예술의 경지로 발전시킬 수 있으니 더 큰 행복감을 가질 수 있어서 만족감이 높은 직업인 거 같아요.

누가 시켜서가 아니고 자기가 좋아서 하는 일을 할 때 가장 행복하다고 합니다. 좋아하는 일을 하면서 그 일이 경제적으로 도움이 된다면 그보다 더 좋은 직업이 또 있을까요?

다육아트공방
작은정원

　모녀가 함께 운영하고 있는 '작은정원'. 이곳은 서울, 충남, 천안 세 곳에서 운영되고 있으며 주로 평생교육원, 주민역량강화수업, 초, 중학교, 사회복지시설 등 단체를 대상으로 출강 수업을 진행하고 있다. 작은정원의 특별함이 있다고 한다면 쿠팡이나 위메프 등 온라인 사이트에서 DIY 제품 및 완제품을 판매하고 있다는 것이다.

**　다육아트 매장을 3곳이나 운영하고 계시는데요. 다육아트 매장을 오픈하게 된 계기가 궁금합니다.**

　20여년 간 어린이집을 운영하다가 2017년 대구꽃박람회 '한국다육아트협회' 부스에서 꼰작가님을 만난 것을 계기로 저와 다육의 만남이 시작되었습니다. 그렇게 다육아트 작가과정을 이수하고 사회복지사였던 딸들도 함께 자격증을 취득하며 본격적으로 매장을 오픈하여 시작하게 되었습니다. 화훼장식기능사와 복지원예사등 원예 관련 자격증을 보유하고 있지만, 다육식물의 싱그러움과 다육아트만의 매력에 이끌려 푹 빠지게 되었습니다.

'작은정원' 창업 후 다방면에서 활동을 하고 계시는데요. 어떻게 사업영역을 넓힐 수 있었나요?

다육아트가 시작단계라 기회가 많이 주어진 것 같습니다. 다방면으로 늘 준비하다 보니 기회가 많이 찾아오더라고요. 아무래도 원예 쪽에서 다육은 누구나 좋아하는 대중적 아이템이니까요. 그렇게 더 열심히 준비하며 많은 자료를 만들어놓으니 이제는 어디에서든 자료 요청을 주시면 딱 맞추어서 설계하기가 쉬워졌답니다. 그래서일까요? 충남정보문화산업진흥원에서 그린 인테리어 아이템 사업으로 창업비용을 지원받고 마케팅 지원사업을 통해서 코엑스와 일산 킨텍스에서 실시된 인테이어 박람회에 참가할 기회를 얻었습니다. 또한 온라인 판로 개척과 입점 지원사업을 통해 교보문고 핫트랙스와 신세계백화점 중정점, 현대백화점 중점점에도 입점하게 되었습니다. 온라인 판매 또한 사이트에서 지원을 받아 다방면으로 사업을 확장하고 있습니다.

많은 지원을 받는 것 또한 운만은 아닌 것 같아요! '작은정원'의 어떤 장점을 보고 많은 곳에서 지원이 이루어지는 걸까요?

장점이라고 말할 수 있는 것은 엄마 작가인 제가 직접 제작하는 중형에서 대형 크기의 작품 제작에 강점이 있고, 딸은 아기자기한 소품 위주의 작품 제작을 잘하는 편이어서 고객들의 다양한 요구를 충족시킬 수 있고 딸과 합작으로 사람들의 시선을 끄는 작품을 잘 만들어 낸다는 점인 것 같아요.

끝으로 다육식물을 사랑하고, 다육아트로 진로를 삼으시려는 분들에게 해주실 말씀이 있으시다면요?

취미로 해왔던 것과 직업으로서 원예활동을 하는 것은 큰 차이를 느낍니다. 어떤 때는 새벽녘에 흙투성이가 되어서 퇴근하기도 하고 휴일과 평일 출퇴근 시간의 구분이 의미 없어졌습니다. 노력의 결실이 더디게 올 수도 있는 직업이기에 지칠 수도 있습니다. 하지만 좋아하는 일을 직업으로 하는 것은 보람이 있고 열정을 가지게 합니다. 제2, 제3의 인생의 행복을 위한 도전으로 다육아트를 만난 것은 저에게 커다란 행복입니다.

제주 체험공방
정다육아트

/

제주도 제주시에 위치한 '정다육아트'는 도심에서 그리 멀지 않은 조용한 곳에 위치해있다. 15평의 공방과 연결된 다육이 하우스(약 100평)를 가지고 있어 어떤 다육이 보다 색감이 예쁘고 건강하게 자란다. 그래서인지 작품을 만들더라도 색이 살아나 훨씬 멋진 작품이 탄생하기도 한다. 다육아트뿐만 아니라 캔디자인, 뉴클레이, 업사이클 등 다양한 분야에서 열심히 활동하고 있는 정다육아트를 만나보자.

다육아트를 배우신지는 얼마나 되셨나요? 이전에는 어떤 일을 하셨는지 말씀해 주세요.

관광학을 전공해 오랜 기간 여행업에 종사하며 취미로 다육이를 키웠습니다. 계절이 바뀔 때마다 자기만의 색으로 자태를 뽐내는 다육이의 모습에 푹 빠져 지냈어요. 그러다 우연히 인터넷에서 다육아트라는 신세계를 보았고, 꼰작가님이 다육아트의 일인자라는 것을 알게 되었습니다. 감사하게도 꼰작가님이 직접 제주까지 방문해서 가르쳐주셨고 이렇게 다육아트에 입문하게 되었습니다. 지금은 한국다육아트협회 작가로 활동하고 있습니다.

많은 아이템 중에 왜 다육아트를 선택하신 걸까요? 다육아트의 매력에 대해 알려주세요.

다육아트는 넬솔과 다육이만 있으면 주변에 있는 모든 오브제로 작품을 만들 수 있다는 게 신기하고 좋았던 거 같아요. 누구나 어렵지 않게 무언가를 만들어 낼 수 있다는 점이 다육아트의 큰 매력입니다.

처음 일을 시작하실 때 가장 고민했고 어려웠던 것은 무엇이었나요?

처음 일을 시작할 때는 하우스를 지어놓으면 뭐든 다 될 줄 알았는데 생각처럼 쉽지가 않더라고요. 제가 시작할 때만 하더라도 다육아트는 생소한 분야라 어떻게 홍보해야 할지 막막했습니다. 어떤 쪽으로 방향을 잡고 나가야 될지, 어떤 층을 공략해야 할지…. 만나는 사람에게 기회만 되면 제가 하는 일을 알리기 시작했습니다. 그러던 중 교직에 있는 선배님으로부터 교사 연수 프로그램에 추천했으니 담당 선생님을 연결해주겠다는 연락이 왔어요. 그 강의가 시발점이 되어 여러 곳에 소문이 나기 시작했고, 2020년과 2021년에는 정말 감사하게도 코로나를 잊고 바쁘게 활동했습니다.

다육식물과 함께하면서 기억에 남는 에피소드를 들려주세요.

우연히 설문대여성문화센터에서 시각장애인 분들을 대상으로 '찾아가는 배달강좌' 강의를 하게 되었는데요. 어떻게 수업을 진행해야 할까 고민하던 중 도움을 얻고자 시각장애인센터 담당자분께 전화를 드렸더니 그냥 편안하게 천천히만 진행해달라고 하시더라고요. 그래서 손으로 다육이를 만져보며 촉감으로 느끼게 하고 보조 선생님들과 같이 소통하며 강의를 진행하게 되었는데, 시각장애 1급이신 분이 명품 가방을 만들고 싶다며 팻말에 명품가방 로고와 이름을 제대로 적어달라며 보조 선생님께 부탁을 하더군요 보이지는 않지만 강사님의 자세한 설명으로 충분히 느낄 수 있었다며 너무 감사해 하시는데 가슴이 뭉클했습니다.

끝으로 다육식물을 사랑하고, 다육아트로 진로를 삼으시려는 분들에게 해주실 말씀이 있으시다면요?

다육아트는 많은 사람에게 꿈과 희망을 줄 수 있고, 원예치료도 가능하며 스트레스를 받는 모든 사람에게 힐링할 수 있는 시간을 만들어 줄 수 있습니다. 다육이를 사랑하시는 분이라면 꼭 한번 도전해보시라고 하고 싶습니다. 다육이를 모르는 분이어도 식물에 관심만 있다면 일명 '똥손'이라도 가능합니다. 저에게 다육아트는 인생 2막의 터닝포인트가 되었습니다. 도전과 배움에는 나이가 없으니 언제든 꿈을 가지고 도전해보세요~ 여러분의 꿈을 응원할게요.

전남 광양
캔디플라워

／

전남 광양에서 운영되고 있는 '캔디플라워'. 이곳에서는 토탈 공예를 주력으로 캔디자인, 깨지고 버려지는 그릇과 컵을 이용한 업사이클링 소품 제작을 작업하고 있다. 최근 들어서는 다육화분으로 '변신-캔의 두 번째 이야기'라는 주제로 작품 활동을 이어오고 있다.

다육아트를 하게 된 특별한 계기가 있다고 들었어요.

건강상의 이유로 여러 번 수술대에 올라가야 했던 저에게 우울증이 찾아왔습니다. 하루하루가 힘들 때 우연히 유튜브에서 꼰작가님의 작품을 접하게 되었어요. 너무나 신기하고 다육이라는 식물의 강한 생명력을 보고 무기력한 제 모습이 한심하다는 생각이 들었고 작디작은 식물들이 모여 작품으로 표현되는 것에 푹 빠지게 되어 무작정 2020년 4월부터 꼰작가님께 다육아트를 배우기 시작했습니다.

다육아트를 배우면서 기억에 남는 에피소드가 있다면 들려주세요.

다육아트의 매력에 빠진 저는 팔을 수술 해야한다는 의사의 권유도 뿌리치고 2급 자격증도 나오지 않은 상태에서 무작정 꼰작가님께 찾아가 배우겠다고 떼를 썼던 기억이 나네요. 작가님께서도 제가 자격을 갖추었는지 테스트를 하고 수업을 진행하시려다 깜짝 놀라곤 어이없어 웃으시더니 수술을 받고 회복하면 다시 오라고 하셨는데 그 말이 어찌나 서운했는지 눈물이 날 지경이었습니다. 그런 저의 모습이 가상하셨는지 한 번도 접해본 적 없는 스칸디아모스를 이용한 작품을 알려주셨는데 너무나 행복해서 울다가 웃다가 하던 그때의 제 모습이 떠오르네요.

처음 캔디플라워를 오픈하셨을 때 기분이 어떠셨나요?

나도 꼰작가님처럼 상냥하게 웃으면서 남을 가르칠 수 있을까?, 혹시 내가 하는 일에 대해서 스승님께 누가 되는 행동을 하게 되는 건 아닐까? 라는 생각에 자다가도 일어나서 디자인을 그려보고 작품을 만들어 남편에게 평가도 받으면서 점점 더 프로가 되어야 한다는 생각밖에 없었던 것 같아요.

끝으로 다육식물을 사랑하고, 다육아트로 진로를 삼으시려는 분들에게 해주실 말씀이 있으시다면요?

작품의 세계는 무궁무진합니다. 하지만 작품을 만들기에 앞서 기초가 튼튼해야 합니다. 식물에 대한 기본 이해가 있어야 하고, 직접 키우며 경험도 쌓아야 합니다. 또한, 자기 생각보다는 선생님들의 가르침을 우선으로 하고 내 생각은 추후에 응용해 보는 것입니다. 노력하는 자세와 평소의 연습이 필요한데 많은 작품을 연습하다 보면 점점 더 멋진 작품들이 만들어질 것입니다.

툴르리 정원 카페
오성 액자

/

포항시에 위치한 '툴르리 정원 카페'&'오성 액자 다육아트공방'. 이곳에서는 다육아트 뿐 아니라 다육식물과 잘 접목되는 캔 디자인, 테라리움, 양말 목공예, 자이언트 플라워등 업사이클링 공예를 하며 교육 위주의 프로그램이 운영되고 있다.

다육아트를 어떻게 알게 되셨나요?

남편의 교통사고로 수년간 간호하며 지쳐 있을 때 '다육아트 꼰작가처럼' 이라는 밴드를 알게 되었어요. 그 속에서 멋진 작품들을 보게 되었어요. 그 작품들을 보며 힐링을 하고 스트레스가 조금씩 사라지게 되더라고요. 그렇게 신세계를 경험하고 이렇게 다육세계에 입문하게 되었습니다.

다육아트를 통해 어떤 것을 경험해 보셨나요?

유방암 진단을 받고 투병 생활을 하던 중 다육을 키우게 되었는데요. 실수로 부러뜨린 잎을 화분 위에 두었더니 싹이 트고 자라는 것을 보고 잎꽂이 번식이 되는 모습을 직접 보게 되었습니다. 그 후로 직접 잎꽂이 번식을 시작하게 되었어요. 이제는 지인들에게 식물을 받는 것보다 주는 기쁨이 더 크다는 것을 배우게 되었습니다.

다육아트를 하며 달라진 점이 있다면요?

여러 일들로 힘들었던 저는 아마 다육아트를 배우지 않았다면 평생을 우울증에 시달리고 있지 않았을까 싶어요. 물론 처음에는 생업인 액자와 배우고 싶은 다육아트, 두 가지를 병행할 수 있을지 등의 고민이 있었지만, 막상 부딪혀보니 다육아트라는 크고도 즐거운 세계에 왜 진작에 빠져들지 않았을까 하는 생각이 들었습니다. 요즘은 다육아트를 배우고 활동한 것이 가장 잘한 일이라 생각하며 스스로를 칭찬합니다.

끝으로 다육식물을 사랑하고, 다육아트로 진로를 삼으시려는 분들에게 해주실 말씀이 있으시다면요?

액자 만드는 것이 직업이다 보니 화가, 서예가, 사진작가 등 유명하신 작가님들을 뵙다가 막상 저를 작가님이라 불러주니 부끄럽지만, 한편으로는 자부심을 느낍니다. 취미생활이든 직업 전환이든 누군가 망설이고 있다면, 하루빨리 용기를 내라고 말해 주고 싶습니다. 식물이 주는 마음의 안식과 예술을 가미한 다육아트는 분명 어떤 메시지를 전달하는 힘이 있고 마음의 안식이 될 것입니다. 반려식물인 다육이로 인하여 생활의 활력이 되시길 바랍니다.

울릉도
하니앤다육공방

/

울릉도에 위치한 하니앤다육공방. 이곳에서는 일반 다육공방과는 다르게 신비의 섬인 울릉도와 독도의 아름다운 자연 풍경 그리고 자원들을 접목해서 차별화된 작품을 만들어내고 있다.

다육아트를 시작하게 된 계기가 궁금합니다.

34년간 간호직 공무원으로 지내면서 취미생활로 꽃꽂이와 손뜨개, 프랑스 자수, 식물 기르기, 야생화, 식물 세밀화 등 여러 가지 자격증을 취득하고 활동했습니다. 그러던 중 3년 전 우연한 기회에 꼰작가님을 만나 다육아트를 배우게 되었습니다. 다육아트를 배우면서 다육식물의 강한 생명력과 다양한 아름다움을 발견하고 이 분야가 무한한 발전 가능성이 있다고 생각하여 슬기로운 은퇴 생활을 다육아트로 결정하고 남편인 하니작가와 함께 즐겁게 활동하고 있습니다.

울릉도에서 어떤 방식으로 다육아트 활동을 하고 있는지 궁금합니다.

울릉도에는 인구가 만 여명밖에 없기 때문에 영리를 우선하는 활동보다는 지역을 위해서 재능을 기부한다는 생각으로 활동하고 있습니다. 평생을 공무원으로 지냈기에 지금까지 많은 것을 받았고 이젠 나누고 베풀고 보답한다는 마음을 가지니 행복합니다.

다육아트를 하면서 가장 기억에 남는 일이 있다면요?

다육아트를 시작하면서 저도 직접 다육을 키우게 되었어요. 남편에게 퇴직 축하 선물로 작은 온실을 선물로 받았는데, 다육이를 잘 키울 수 있게 됨과 동시에 작업실 겸 공방도 가지게 된 것이 저에게 가장 기억에 남는 일입니다.

끝으로 다육식물을 사랑하고, 다육아트로 진로를 삼으시려는 분들에게 해주실 말씀이 있으시다면요?

아직까지는 다육아트가 무엇인지 모르는 사람들이 많습니다. 그러나 다육아트는 작품성과 활용성이 뛰어나고 다양한 분야들과 접목할 수 있어서 앞으로 무한한 가능성이 있을 것이라 확신합니다. 이 길을 걸어가고자 마음먹으신 여러분들 지금 바로 시작해보세요.

천안 다육식물 농가
화성선인장다육

/

　천안 다육식물 농가 '화성선인장다육'은 열대지방에서나 볼 수 있는 선인장과 눈과 마음이 힐링되는 다육식물로 사랑을 배울 수 있는 행복농장이다. 1992년부터 3,600㎡의 하우스에서 200여종의 다육식물을 키우고 있으며, 꼬물꼬물 갓 올라온 새싹에서부터, 예쁘게 물들어가는 다육식물을 보면서 생명의 신비로움을 느낄 수 있는 곳이다.

선인장다육농장을 운영하시다가 다육아트까지 사업을 넓힌 계기가 있나요?

　농장에서 농촌체험을 할 당시 체험상품들을 화분에 옮겨 심을 때 운반 도중에 깨지거나 흙이 쏟아지는 등 불편함이 많아서 방법을 찾던 중 우연히 꽃 도매시장에서 '붙는 흙'에 대해 설명하는 홍보 전단지를 보게 되었어요. '내가 찾던 것이 이거다'라는 생각이 들었고 뒤이어 다육아트를 알게 되었습니다. 다육식물이 다른 방법으로 사용되는 것을 보고 이렇게 이용된다면 많은 소비가 이뤄져 다육농가가 더 성장할 것이라는 느낌이 들었습니다. 그리고 실제로 다육아트가 유행하며 많은 소비가 이루어지는 것을 직접 보고 느낄 수 있었습니다.

농장에 다육아트를 접목하니 손님들의 반응은 어떤가요?

만족도가 높습니다. 지금은 여러 학교와 어르신들을 찾아가 수업하는 봉사도 하고, 체험장에서는 연간 3천여 명의 체험객을 받아서 농장 수익 외에 체험 수입으로도 큰 성과를 내고 있습니다. 저희 농가에는 꼰작가님 뿐만 아니라 여러 작가님과 함께 만든 대형 다육리스도 있습니다. 국내 어디 가도 볼 수 없는 작품이라 모두 감탄하며 사진을 찍어가시기도 합니다.

끝으로 다육식물을 사랑하고, 다육아트로 진로를 삼으시려는 분들에게 해주실 말씀이 있으시다면요?

다육아트 자격증만 취득하면 수업을 하면서 당장 많은 수익이 발생할 것이라고 성급하게 생각하지 않았으면 합니다. 차츰 실력을 쌓고 주위에 나를 알리면서 한계단, 한계단씩 성장하고, 이 일을 좋아하다 보면 어느새 기대 이상의 성과를 거두게 될 것이라고 말씀드리고 싶습니다.

다육아트를
시작하는
분들에게

손끝의 기교보다는 마음을 담는 작품이 오랫동안 가슴에 남기 마련입니다. 작품을 만들 때는 좋은 마음, 좋은 생각 즉 욕심을 버리고 집중해야 하며, 식물을 다룰 때는 생명을 다루는 의사처럼 소중한 마음, 감사한 마음으로 다뤄야 좋은 작품이 탄생합니다. 모든 세상 이치가 그렇듯이 감사하는 마음, 즐겁고 긍정적인 마음이 나를 만들고 좋은 작품도 만듭니다. 일 또한 잘 될 수밖에 없겠지요.

마음이 어지러울 때 작품을 만들다 보면 만족하지 못하는 경우가 많아요. 그럴 때는 마음을 정제하고, 걷어 내어 밝은 마음으로 임하다 보면 작품이 어느새 가슴에 남아 기억에 오랫동안 머물고 있는 것을 느낄 수 있을 것입니다. 감동을 주지 못하는 작품은 그냥 작품일 뿐이고 감동을 주는 작품은 사람 마음을 움직이는 작품이겠죠. 기쁜 마음, 행복한 마음이 작품을 보는 이에게 감동을 주기 마련입니다. 앞서가는 수강생을 볼 때는 가끔은 안타까운 마음이 듭니다.

수업을 받았다고 당장 뭐가 되는 일이 없습니다. 산 정상도 초입부터 시작을 해야 하고 사람도 성장 과정에서 걸음마부터 시작하듯이 배움도 그렇습니다. 시행착오 없이 바로 경지에 오르는 일은 이 세상에 없습니다. 기초가 튼튼해야 기교를 부릴 수 있죠. 기교부터 부리려고 하면 기초가 없는 탑을 쌓는 거나 마찬가지입니다. 내가 좋아하는 일을 오래 하고 싶다면, 높은 곳을 바라보지 말고 한 계단 한 계단 실력을 쌓아주세요. 다육아트로 성공하고 싶다면 천천히 다육을 알아가는 게 가장 중요합니다. 다육식물을 이해하고, 다육아트를 하면서 즐거운 인생, 행복해지는 일상부터 느껴 보신다면 다육식물 아티스트로 꼭 성공하실 거라 믿습니다.

에필로그

가진 것도 없고, 아는 지식도 없고, 사람들과의 관계도 부담스러워 처음 보는 사람들과 식사도 못 하는 주변머리 없는 성격을 가지고 있던 나를 다육아트를 통해 변하게 할 수 있었습니다. 다육식물을 사랑하게 되었고 다육아트를 접하면서 사람 만나는 것이 좋아지고 일에 대한 무한한 책임감을 가지게 되었습니다. 차 트렁크와 좌석에 작품을 터지도록 집어넣고 나를 롤모델로 삼는 분들에게 실망시키지 않기 위해 그곳이 어디든 달렸습니다. 쪽잠을 자고 끼니도 걸러가며 이 일을 사랑하는 분들이 계셔서 함께 여기까지 왔습니다.

의미 없는 삶에 지친 나에게 노크해준 다육식물 덕분에 삶이 바뀌고 의미가 주어지고 책임감이 생겨나고 50 중반을 넘어서 이런 기회가 왔다는 게 그저 신기하고 신나 했던 기억이 떠오르네요. 행사장마다 아이돌 찾듯이 저를 찾아 주시는 분들, 너무 귀하게 대접해 주시는 우리 선생님들 너무 소중한 저의 재산들입니다. 50여 년을 가정주부로 살던 제가 주부 일을 졸업할 수 있도록 말없이 도와주는 남편, 우리 아들과 의지하며 살고 계시는 세상에서 제일 존경하는 우리 부모님, 다육아트 초창기부터 함께 해온 나의 의리 친구들, 한국다육아트협회 강성욱 협회장님, 넬솔코리아 김현숙 부회장님, 제 일이라면 두 손 걷어 부치고 나서서 언제나 '믿음, 소망, 사랑 중에 의리!'라고 외쳐주시는 우리 제자님들. 제가 어느 곳에 가든 제 어깨에 힘이 잔뜩 들어가게 해주는 원동력입니다. 다육아트 아티스트로 살아가면서 부끄럽지 않은 스승으로 언제나 기둥이 되어 기댈 수 있는 사람으로 살아가겠습니다.

다육아트가 단기간에 자리 잡을 수 있었던 건 다육아트를 열광적으로 사랑해 주신 분들의 덕분이 아닐까라는 생각을 해봅니다. 무슨 일이든 마무리한다는 건 참으로 어렵습니다. 어렵게 책을 마무리한 만큼 이 책으로 인해 다소 궁금했던 갈증들이 해소되었으면 하는 바람입니다. 지난 7년 저의 다육아트를 사랑해주신 모든 분께 감사드립니다.

꼰 작 가 처 럼   꿈 꾸 는
사람들을 위한 다육아트 교과서

발행일   2022년 6월 5일 초판1쇄 발행

지은이   안수빈
펴낸이   이지영

편 집   최윤희
디자인   Design Bloom 이다혜, 안규현

펴낸곳   도서출판 플로라
등 록   2010년 9월 10일 제 2010-24호
주 소   경기도 파주시 회동길 325-22
전 화   02.323.9850
팩 스   02.6008.2036
메 일   flowernews24@naver.com

ISBN 979-11-90717-71-7